樱桃 山楂 番木瓜
病虫害防治原色图鉴

吕佩珂　苏慧兰　高振江　编著

化学工业出版社

·北京·

本书围绕无公害果品生产和新产生的病害防治问题，针对制约我国果树产业升级、果品质量安全等问题，利用新技术、新方法，解决生产中的实际问题，涵盖了樱桃、山楂、番木瓜生产上所能遇到的大多数病虫害。本书图文结合介绍樱桃、山楂、番木瓜病害五十余种，虫害六十余种，本书图片包括病原、症状及害虫各阶段彩图，防治方法上将传统的防治方法与许多现代防治技术方法相结合，增加了植物生长调节剂调节大小年及落花落果，保证大幅增产等现代技术。是紧贴全国果品生产，体现现代果品生产技术的重要参考书。可作为中国21世纪诊断与防治樱桃、山楂、番木瓜病虫害指南，可供家庭果园、果树专业合作社、农家书屋、广大果农、农口各有关单位参考。

图书在版编目（CIP）数据

樱桃山楂番木瓜病虫害防治原色图鉴／吕佩珂，苏慧兰，高振江编著．—北京：化学工业出版社，2014.9
（果树病虫害防治丛书）
ISBN 978-7-122-21421-8

Ⅰ．①樱…　Ⅱ．①吕…②苏…③高…　Ⅲ．①樱桃-病虫害防治方法-图集②山楂-病虫害防治方法-图集③番木瓜-病虫害防治方法-图集　Ⅳ．① S436.6-64

中国版本图书馆CIP数据核字（2014）第168109号

责任编辑：李　丽　　　　　　　文字编辑：王新辉
责任校对：边　涛　　　　　　　装帧设计：关　飞

出版发行　化学工业出版社
　　　　　（北京市东城区青年湖南街13号　邮政编码100011）
印　　装　化学工业出版社印刷厂
850mm×1168mm　1/32　印张5¼　字数120千字
2014年11月北京第1版第1次印刷

购书咨询：010-64518888（传真：010-64519686）
售后服务：010-64518899
网　　址：http://www.cip.com.cn
凡购买本书，如有缺损质量问题，本社销售中心负责调换。

定　　价：32.00元　　　　　　　　　　版权所有　违者必究

丛书编委名单

吕佩珂　苏慧兰　高振江

李秀英　尚春明　杨　鸣

吕　超　吕乾睿　金雅文

刘　芳　刘万宝　李继伟

前 言

我国是世界水果生产的大国，产量和面积均居世界首位。果树生产已成为中国果农增加收入、实现脱贫致富奔小康、推进新农村建设的重要支柱产业。通过发展果树生产，极大地改善了果农的生活条件和生活方式。随着国民经济快速发展，劳动力价格也不断提高，今后高效、省力的现代果树生产技术在21世纪果树生产中将发挥积极的作用。

随着果品产量和数量的增加，市场竞争相当激烈，一些具有地方特色的水果由原来的零星栽培转变为集约连片栽培，栽植密度加大，气候变化异常，果树病虫害的生态环境也在改变，造成种群动态发生了很大变化，出现了一些新的重要的病虫害，一些过去次要的病虫害上升为主要病虫害，一些曾被控制的病虫害又猖獗起来，过去一些零星发生的病虫害已成为生产的主要病虫害，再加上生产技术人员对有些病虫害因识别诊断有误，或防治方法不当造成很多损失，生产上准确地识别这些病虫害，采用有效的无公害防治方法已成为全国果树生产上亟待解决的重大问题。近年来随着人们食品安全意识的提高，无公害食品已深入人心，如何防止农产品中的各种污染已成为社会关注的热点，随着西方发达国家如欧盟各国、日本等对国际农用化学投入品结构的调整、控制以及对农药残留最高限量指标的修订，对我国果树病虫害防治工作也提出了更高的要求，要想跟上形势发展的需要，我们必须认真对待，确保生产无公害果品和绿色果品。过去出版的果树病虫害防治类图书已满足不了形势发展的需要。现在的病原菌已改成菌物，菌物是真核生物，过去统称真菌。菌物无性繁殖产生的无性孢子繁殖力特强，可在短时间内循环多次，对果树病害传播、蔓延与流行起重要作用。多数菌物可行有性生殖，有利其越冬或越夏。菌物有性生殖后产生有性孢子。菌物典型生活史包括无性繁殖和有性生殖两个阶段。菌物包括黏菌、卵菌和真菌。在新的分类系统中，它们分别被归入原生物界、假菌界和真菌界中。

考虑到国际菌物分类系统的发展趋势，本书与科学出版社2013年出版的谢联辉主编的普通高等教育"十二五"规划教材《普通植物病理学》

（第二版）保持一致，该教材按《真菌词典》第10版（2008）的方法进行分类，把菌物划分为原生动物界、假菌界和真菌界。在真菌界中取消了半知菌这一分类单元，并将其归并到子囊菌门中介绍，以利全国交流和应用。并在此基础上出版果树病虫害防治丛书10个分册，内容包括苹果病虫害，葡萄病虫害，猕猴桃、枸杞、无花果病虫害，樱桃、山楂、番木瓜病虫害，核桃、板栗病虫害，桃、李、杏、梅病虫害，大枣、柿树病虫害，柑橘、橙子、柚子病虫害，草莓、蓝莓、树莓、黑莓病虫害及害虫天敌保护利用，石榴病虫害及新编果树农药使用技术简表和果园农药中文通用名与商品名查对表，果树生产慎用和禁用农药等。

本丛书始终把生产无公害果品作为产业开发的突破口，有利于全国果产品质量水平不断提高。近年气候异常等温室效应不断给全国果树带来复杂多变的新问题，本丛书针对制约我国果树产业升级、果农关心的果树病虫无害化防控、国家主管部门关切和市场需求的果品质量安全等问题，进一步挖掘新技术新方法，注重解决生产中存在的实际问题，本丛书从以上3个方面加强和创新，涵盖了果树生产上所能遇到的大多数病虫害，包括不断出现的新病虫害和生理病害。本丛书10册，介绍了南、北方30多种现代果树病虫害900多种，彩图3000幅，病原图300多幅，文字近120万，形式上图文并茂，科学性、实用性强，既有传统的防治方法，也挖掘了许多现代的防治技术和方法，增加了植物生长调节剂在果树上的应用，调节果树大小年及落花落果，大幅度增产等现代技术。对于激素的应用社会上有认识误区：中国农业大学食品营养学专家范志红认为植物生长调节剂与人体的激素调节系统完全不是一个概念。研究表明：浓度为30mg/kg的氯吡脲浸泡幼果，30天后在西瓜上的残留浓度低于0.005mg/kg，远远低于国家规定的残留标准0.01mg/kg正常食用瓜果对人体无害。这套丛书紧贴全国果树生产，是体现现代果树生产技术，可作为中国进入21世纪诊断、防治果树病虫害指南，可供全国新建立的家庭果园、果树专业合作社、全国各地农家书屋、广大果农、农口各有关单位参考。

本丛书出版得到了包头市农业科学院的支持，本丛书还引用了同行的图片，在此一并致谢！

编著者
2014年6月

目录

1. 樱桃、大樱桃病害 /1

2. 樱桃、大樱桃害虫 /41

3. 山楂病害 / 82

4. 山楂害虫 / 105

5. 番木瓜病害 / 142

1. 樱桃、大樱桃病害

樱桃、大樱桃褐腐病

症状　春季染病产生花朵腐烂，发病初期花药、雌蕊坏死变褐，向子房、花梗扩展，病花固着在枝上，天气潮湿时产生分生孢子座和病花表面出现分生孢子层。枝条染病，病花上的菌丝向小枝扩展并产生椭圆形至梭形溃疡斑，溃疡边缘出现流胶，当溃疡斑扩大至绕枝1周时，上段即枯死。枝上叶片变棕至褐色干枯，不脱落，小枝溃疡常向大枝蔓延。成熟果实染病，果腐扩展快，侵染后2天就发生果腐，病部褐色，病果上长出分生孢子座，表生分生孢子层。

病原　*Monilinia fructicola*（称美澳型核果链核盘菌）和*M.laxa*（称核果链核盘菌）2种，均属真菌界子囊菌门。前者能侵害李属的所有栽培种，在桃、油桃和李及樱桃上危害特重，不仅引起花朵腐烂、小枝枯死，危害最重的是造成果腐，尤其是成熟期烂果。后者寄主以杏、巴旦杏、甜樱桃、桃及油桃为主，造成花朵腐烂，结果树枯死是其明显特点，该菌很少侵害苹果和梨。

传播途径和发病条件　美澳型核果链核盘菌病果落地，当条件适宜时假菌核生成子囊盘，产生子囊孢子，子囊孢子借风雨传播，可以进行初侵染。其有性阶段和无性阶段都会在侵染中起作用。几种链核盘菌都能以无性型菌丝体在树上的僵果、病枝、残留的病果果柄等处越冬。晚冬早春，温度达5℃以上，遇冷湿条件产生分生孢子座和分生孢子，分生孢子萌发

樱桃褐腐病为害枝条

大樱桃果实褐腐病

樱桃褐腐病病果长出
灰白色粉状物

要求寄主表面有自由水，萌发温限5～30℃，最适萌发温度20～25℃，水膜连续保持3～5h，即可侵染。很多樱桃园春季很少出现子囊世代的地方或年份，初侵染源主要是树上的病残体产生分生孢子。在果园进入开花期，花朵先发病，后向结果枝扩展，造成小枝枯死或大枝溃疡。病部又产生孢子，在坐果后侵染幼果，樱桃幼果上可能有潜伏侵染，到果实成熟期引起褐腐。该菌在花期侵染花，潮湿时间持续5h才能侵染，随持续时间延长，侵染率提高，降雨后产孢增多，发病率高，发病严重。

防治方法 （1）樱桃发芽前清除地面、树上的病枝、病果，喷洒45%代森铵水剂300～400倍液或3° Bé石硫合剂抑制越冬病菌产孢。（2）春季多雨地区喷洒50%腐霉利可湿性粉剂1500倍液或50%异菌脲悬浮剂1000倍液。（3）生长期注意捡拾病果和病落果，清除滋生基物，降低褐腐病菌接种体数量。（4）中晚熟品种预防采前采后褐腐病病果，可喷洒75%二氰蒽醌可湿性粉剂800倍液或10%苯醚甲环唑水分散粒剂2000倍液或25%丙环唑乳油2000倍液。采收前10天喷洒25%嘧菌酯悬浮剂3000倍液。

樱桃、大樱桃炭疽病

症状 主要为害果实，也为害新梢、叶片和幼芽。幼果染病出现暗褐色萎缩硬化，发育停止，果实表面产生水渍状浅褐色病斑，圆形，后逐渐变成暗褐色干缩凹陷。湿度大时病斑上长出橙红色小粒点，即病原菌分生孢子堆，常融合成不规则大斑，造成果实软腐脱落或干缩成僵果挂在树枝上。叶片染病初生褐色圆斑，随后中央变为灰白色的圆形病斑。叶柄染病叶片变成茶褐色焦枯状，引起基部芽枯死。

樱桃炭疽病发病初期
症状（李晓军）

樱桃炭疽病发病初期

樱桃炭疽病病果上的
炭疽斑长出橘红色小
点（许渭根）

病原 *Colletotrichum gloeosporioides*，称胶孢炭疽病，属真菌界无性态子囊菌。有性态称围小丛壳。无性型真菌产生分生孢子盘和分生孢子，分生孢子卵圆形，两端略尖，（11～16）μm×（4～6）μm。

传播途径和发病条件 病原菌在枯死的病芽、短果枝叶痕部越冬，翌年春天气温10℃以上时产生分生孢子，借风雨传播，6月进入发病盛期，造成果实、叶片发病。

防治方法 （1）冬剪时注意剪除枯死病芽、病枝、枯梢，清除僵果并烧毁。（2）芽膨大时喷洒索利巴尔50倍液或4° Bé石硫合剂。（3）幼果豆粒大小时喷洒25%咪鲜胺乳油1500倍液或10%苯醚甲环唑水分散粒剂或悬浮剂1500倍液、75%二氰蒽醌可湿性粉剂800倍液、50%福·福锌可湿性粉剂800倍液。

樱桃、大樱桃灰霉病

症状 樱桃、大樱桃灰霉病主要为害花萼、果实和叶片。花萼和刚落花的幼果染病时果面上现水渍状浅褐色凹陷斑点，后扩展成浅褐色圆形至不规则形块块或形状不规则软腐，贮运过程中很易长出灰绿色霉丛或鼠灰色霉状物。叶片染病产生褐色不规则形病斑，有时产生不大明显的轮纹。

病原 *Botrytis cinerea*，称灰葡萄孢，属真菌界无性态子囊菌。有性态为*Botryotinia fuckeliana*，属真菌界子囊菌门。分生孢子梗顶端明显膨大，有时在中间形成1分隔。分生孢子卵圆形或侧卵形至宽梨形，分生孢子大小多在7.5～12.5μm之间，扫描电镜下，壁表光滑。越冬后的菌核多以产生孢子的方式萌发。

樱桃叶片上的灰霉病
病斑放大

大樱桃灰霉病

传播途径和发病条件 该菌以分生孢子或菌核在病残体上越冬，翌年樱桃展叶后菌核萌发后产生的分生孢子借水滴、雾滴、风雨传播，直接侵入近成熟的樱桃果实或叶片，发病适温为15～20℃，果实近成熟期阴雨天多，气温低易发病。

防治方法 （1）加强田间管理，雨后及时排水，科学合理施肥。（2）及时清除病落叶、病果。（3）贮运时采用低温处理。（4）田间发病初期喷洒25%咪鲜胺1500倍液或25%腐霉利·福美双可湿性粉剂1000倍液、40%菌核净可湿性粉剂800～1000倍液、50%多·福·乙可湿性粉剂800倍液、21%过氧乙酸水剂1200倍液。

樱桃、大樱桃链格孢黑斑病

症状 主要为害樱桃叶片和果实。叶片上产生圆形灰褐色至茶褐色病斑，直径约6mm，扩大后产生轮纹，大的10mm，边缘有暗色晕。子实体主要生在叶斑正面。果实染病，初生褐色水渍状小点，后扩展成圆形凹陷斑，湿度大时，病斑上长出灰绿至灰黑色霉，即病原菌的菌丝、分生孢子梗和分生孢子。

病原 *Alternaria cerasi*，称樱桃链格孢，属真菌界无性型真菌。分生孢子梗单生或簇生，分隔，基部常膨大，（24～50）μm×（3.5～6）μm。分生孢子单生或成链，倒梨形，褐色，具横隔膜4～7个，纵隔膜1～13个，分隔处明显缢缩，年老的孢子部分横隔常加厚，孢身（18～61）μm×（11～23.5）μm，假喙柱状，浅褐色，顶端常膨大，（5～36.6）μm×（2.5～6）μm。

传播途径和发病条件 病原菌在病部或芽鳞内越冬，借风雨或昆虫传播，强风暴雨利其流行，生产上缺肥树势衰弱易发病。

樱桃链格孢黑斑病

大樱桃链格孢黑斑病

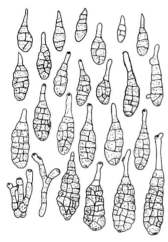

樱桃链格孢分生孢子梗和分生孢子

防治方法 （1）樱桃园通过施用有机肥把土壤有机质含量提高到2%以上，可增强抗病力。（2）樱桃树发芽前喷5°Bé石硫合剂。（3）发病前喷80%波尔多液800倍液。（4）发病初期喷洒50%福·异菌可湿性粉剂800倍液、40%百菌清悬浮剂600倍液、50%异菌脲可湿性粉剂1000倍液。

樱桃、大樱桃细极链格孢黑斑病

症状 叶片产生水渍状褐色小点，后扩展成近圆形病斑。

果实染病，亦生灰褐色病变，后变成黑褐色病斑。

病原 *Alternaria tenuissima*，称细极链格孢，属真菌界无性态子囊菌，该菌在PCA培养基上25℃、5天内形成超过10个孢子的分生孢子链。分生孢子梗从基内或表面的主菌丝上直接产生，直立，偶分枝，分隔，浅褐色，（24～77.5）μm×（3.5～5）μm。分生孢子倒棍棒形或长椭圆形，浅褐色至中等褐色，成熟的分生孢子具4～7个横隔膜，1～4个纵或斜隔膜，常有1～4个主隔胞较粗色深更为醒目，孢身（23～41.5）μm×（8.5～12）μm，假喙大小（3.5～12）μm×（2～4.5）μm。别于樱桃链格孢。

樱桃细极链格孢黑斑病

大樱桃细极链格孢黑斑病

　　传播途径和发病条件、防治方法　参见樱桃、大樱桃链格孢黑斑病。

樱桃、大樱桃枝枯病

　　症状　江苏、浙江、山东、河北樱桃产区均有发生，造成枝条大量枯死，影响树势。皮部松弛稍皱缩，上生黑色小粒点，即病原菌分生孢子器。粗枝染病，病部四周略隆起，中央凹陷，呈纵向开裂似开花馒头状，严重时木质部露出，病部生浅褐色隆起斑点，常分泌树脂状物。

樱桃枝枯病

　　病原　*Phomopsis mali* Roberst，称苹果拟茎点霉，属真菌界无性态子囊菌。病枝上的小黑点即病菌的子座和分生孢子器，内含分生孢子梗和两型分生孢子，一种为椭圆形，单胞无色，两端各具1油球，另一种丝状，单胞无色，一端明显弯曲状。为害樱桃、苹果、梨、李子枝干，引起枝枯病。

　　传播途径和发病条件　病菌以子座或菌丝体在病部组织内越冬，条件适宜时产生大量两型分生孢子，借风雨传播，侵入枝条，后病部又产生分生孢子，进行多次再侵染，致该病不断扩展。3～4年生樱桃树受害重。

防治方法 （1）加强管理，使树势强健。发现病枝，及时剪除。冬季束草防冻。（2）抽芽前喷30%乙蒜素乳油400～500倍液。（3）4～6月喷洒75%二氰蒽醌可湿性粉剂800倍液或刮病斑后用50%苯菌灵可湿性粉剂150倍液涂抹。

樱桃、大樱桃疮痂病

症状 又称黑星病。主要为害果实，也为害枝条和叶片。果实染病，初生暗褐色圆斑，大小2～3mm，后变黑褐色至黑色，略凹陷，一般不深入果肉，湿度大时病部长出黑霉，病斑常融合，有时1个果实上多达几十个。叶片染病生多角形灰绿色斑，后病部干枯脱落或穿孔。

樱桃疮痂病病果上的疮痂（王金友）

樱桃疮痂病病叶

病原　*Venturia cerasi*，称樱桃黑星菌，属真菌界子囊菌门。无性态为*Fusicladium cerasi*，称樱桃黑星孢，属真菌界无性态子囊菌。分生孢子梗直立于子座上，单生或簇生，多无隔膜，孢痕明显，短，（13.5～27）μm×（4.1～8.1）μm。分生孢子宽梭形，浅褐色，0～1个隔膜，上端略尖，基部平截，（13.5～21.6）μm×（4.1～5.4）μm。

传播途径和发病条件　病菌以菌丝在枝梢病部越冬，翌年4～5月产生分生孢子，借风雨传播，进行初次侵染。多雨及潮湿天气有利于病菌分生孢子的传播，樱桃园地势低洼或枝条郁闭利于该病发生。早熟品种发病轻，中晚熟品种易感病。

防治方法　（1）及时清园，结合冬季修剪，及时剪除病枝使树冠通风。进入雨季注意排水，防止湿气滞留十分重要。（2）芽萌动期喷洒1∶1∶100倍式波尔多液或3～4° Bé石硫合剂混加0.3%五氯酚钠。也可在落花后发病前喷洒70%甲基硫菌灵可湿性粉剂700倍液或75%二氰蒽醌可湿性粉剂800部液、50%氟啶胺悬浮剂2000倍液。上述药剂轮换使用。

樱桃、大樱桃褐斑穿孔病

症状　主要为害叶片和新梢。叶上病斑圆形或近圆形，略带轮纹，大小1～4mm，中央灰褐色，边缘紫褐色，病部生灰褐色小霉点，后期散生的病斑多穿孔、脱落，造成落叶。

病原　*Mycosphaerella cerasella*，称樱桃球腔菌，属真菌界子囊菌门。无性态为*Pseudocercospora circumscissa*，称核果假尾孢，属真菌界无性态子囊菌。子囊座球形至扁球形，大小72μm。子囊圆筒形，大小35.4μm×7.6μm。子囊孢子纺锤形，双细胞，无色，大小15.3μm×3.1μm。无性态的子座生在叶表皮下，球形，暗褐色，大小20～55μm。分生孢子梗紧密簇生

樱桃褐斑穿孔病

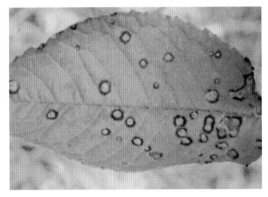

樱桃褐斑穿孔病
（曹子刚）

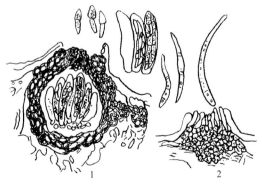

樱桃褐斑穿孔病病菌
1—子囊壳、子囊及子
囊孢子；
2—分生孢子的形成

在子座上，青黄色，宽度不规则，不分枝，有齿突，屈膝状，直立或略弯曲，顶端圆锥形，0～2个隔膜，大小（6.5～35）μm×（2.5～4）μm。分生孢子圆柱形，近无色，直立至中度弯曲，顶端钝，基部长倒圆锥形平截，3～9个隔膜，大小（25～80）μm×（2～4）μm。除为害樱桃外，还侵染枇杷、李、杏、福建山樱桃、山桃、稠李、桃、日本樱花、梅等。

传播途径和发病条件 病菌主要以菌丝体在病落叶上或枝梢病组织内越冬，也可以子囊壳越冬，翌春产生子囊孢子或分生孢子，借风、雨或气流传播。6月开始发病，8～9月进入发病盛期。温暖、多雨的条件易发病。树势衰弱、湿气滞留或夏季干旱发病重。

防治方法 （1）选用抗病品种。（2）秋末彻底清除病落叶，剪除病枝集中烧毁。（3）精心养护。干旱或雨季应注意及时浇水和排水，防止湿气滞留；采用配方施肥技术，增强树势。（4）展叶后及时喷洒50%乙霉·多菌灵可湿性粉剂1000倍液或50%异菌脲或福·异菌可湿性粉剂800倍液、70%代森锰锌可湿性粉剂500倍液，也可用硫酸锌石灰液，即硫酸锌0.5kg、消石灰2kg，加水120kg配成。

樱桃、大樱桃菌核病

症状 主要为害果实，发病初期在果面生褐色病斑，逐渐向全果扩展，致病果收缩，形成僵果，悬挂在枝梢上面不落或脱落。病果后期遍生灰白色小块状物。该病在展叶时，也为害叶片，受害叶片初生褐色不明显的病斑，逐渐向全叶扩展，造成叶片早枯，后期在病叶上也出现灰白色粉质小块。

病原 *Monilinia fructigena*（称果产链核盘菌）和 *M.laxa*（称核果链核盘菌）。僵果为病菌的菌核。菌核萌发产生子囊盘，子囊盘中生有排成1列的子囊，子囊圆筒形，内生8个子囊孢子。病部所见灰白色粉质小块是病菌的分生孢子块。分生孢子梗丛生，分生孢子串生，短椭圆形。

大樱桃菌核病（一）

大樱桃菌核病（二）

传播途径和发病条件 病菌以菌核在僵果内越冬，翌春长出子囊盘，散出子囊孢子，借风雨传播侵染为害；或在春雨之后空气湿度大，产生大量分生孢子，借风雨传播，从皮孔或伤口侵入侵害果实，并不断产生分生孢子进行再侵染。

防治方法 （1）加强管理，收集病果深埋或烧毁；注意果园通风通光。（2）开花前或落花后喷洒50%乙烯菌核利水分散粒剂800～900倍液或40%菌核净可湿性粉剂900倍液、50%腐霉利可湿性粉剂1000倍液。

樱桃、大樱桃细菌性穿孔病

症状 为害叶片、枝梢和果实。叶片发病产生紫褐色或黑褐色圆形至不规则形病斑，大小2～3mm，四周有水渍状黄绿晕圈。病斑干后在病健交界处现裂纹产生穿孔。枝梢发病时，初生溃疡斑，翌春长出新叶时，枝梢上产生暗褐色水渍状小疱疹状斑，大小2～3mm，后可扩展到10mm左右，其宽度达枝梢粗的一半，有时形成枯梢。果实发病，产生中央凹陷的暗紫色、边缘水浸状圆斑，湿度大时溢出黄白色黏质物；气候干燥时病斑或四周产生小裂纹。

大樱桃细菌性穿孔病

病原 *Xanthomonas campestris* pv.*pruni*，称甘蓝黑腐黄单胞桃穿孔致病型，属细菌域普罗特斯细菌门。

传播途径和发病条件 该细菌主要在病枝条上越冬，翌春气温上升樱桃开花时，潜伏在枝条里的细菌从病部溢出，借雨水溅射传播，从叶片的气孔及枝条、果实的皮孔侵入。河北南部、江苏北部、山东一带5月中、下旬开始发病，一般夏季无雨该病扩展不快，进入8～9月雨多的季节，常出现第2个发病高峰，造成大量落叶。经试验温度25～26℃潜育期为4～5天，气温20℃9天。生产上遇有温暖、雨日多或多雾该病易流行，树势衰弱、湿气滞留、偏施过施氮肥的樱桃园发病重。

防治方法 （1）提倡采用避雨栽培法，可有效推迟发病。（2）精心管理。采用樱桃配方施肥技术，不要偏施氮肥；雨后及时排水，防止湿气滞留。（3）结合修剪，特别注意清除病枝、病落叶，并集中深埋。（4）种植樱桃提倡单独建园，不要与桃、李、杏、梅等果树混栽，距离要远。（5）发病前或发病初期喷洒72%农用高效链霉素可溶性粉剂2500倍液或3%中生菌素可湿性粉剂600倍液、25%叶枯唑可湿性粉剂600倍液，隔10天1次，防治2～3次。

樱桃、大樱桃根霉软腐病

樱桃根霉软腐病又称黑霉病，是樱桃采收储运销售过程中常见的重要病害。发病速度快，常造成巨大损失。

大樱桃根霉软腐病病
果上的菌丝和孢子囊

症状 成熟樱桃果实上产生暗褐色病变，初生白色蛛网状菌丝，迅速向四周好果上扩展，几天后白色菌丝变黑，常使整箱樱桃变成灰黑色，流出汁液，失去商品价值。

病原　*Rhizopus stolonifer*，称匍枝根霉，属真菌界接合菌门。该菌的假根发达，常从匍匐菌丝与寄主基质接触处长出多分枝，孢子囊梗直立，无分枝，2～8根丛生在假根上，粗壮，顶端着生较大的球状孢子囊，大小（380～3450）μm×（30～40）μm；孢子囊褐色至黑色，直径80～285μm，内生有许多小的圆形孢囊孢子。

传播途径和发病条件　上述病菌广泛存在于空气和土壤中，借空气流动传播，从伤口侵入。该菌能侵染多种水果，果实成熟过度或贮运、销售过程中湿度大，气温25℃左右很易发病。

防治方法　（1）适期采收，避免成熟过度，采收和运输过程中要千方百计地减少伤口。（2）选用通风散湿的包装，防止箱内湿度过高。（3）应在低温条件下贮存运输，防止该病发生。

樱桃、大樱桃腐烂病

症状　多发生在主干或主枝上，造成树皮腐烂，病部紫褐色，后变成红褐色，略凹陷，皮下呈湿润状腐烂，发病后期刮开表皮可见病部生有很多黑色突起的小粒点，即病原菌的假子座。小枝发病后多由顶端枯死。

病原　*Leucostoma cincta*，称核果类腐烂病菌，属真菌界子囊菌门，无性态为*Leucocytospora cincta*，异名*Valsa cincta*和*Cytospora cincta*（无性态）。也有认为是*Valsa prunastri*。病原菌在树皮内产生假子座，假子座圆锥形，埋生在树皮内，顶端突出。子囊壳球形，有长颈，子囊孢子腊肠形。无性态产生分生孢子器。分生孢子由孔口溢出，产生丝状物。

樱桃腐烂病

樱桃腐烂病

樱桃腐烂病病皮开裂
（李晓军摄）

传播途径和发病条件 生产上遇有冷害、冻害、伤害及营养不足树势衰弱时易发病，修剪不当，伤口多，有利于病菌侵染。孢子在春、秋两季大量形成，借雨水传播，进行多次再侵染。

防治方法 （1）调运苗木要严格检疫。（2）树干涂白或主干基部缠草绳防止冻害。（3）增施有机肥提高抗病力。（4）结合冬季修剪清除病枝、僵果、落叶，刮除病疤，涂抹80%乙蒜素乳油100倍液或喷洒1000倍液，防止流胶。（5）发病初期喷洒30%戊唑·多菌灵悬浮剂1000倍液，隔10天1次，防治2～3次。

樱桃、大樱桃朱红赤壳枝枯病

症状 主要引起枝枯和干部树皮腐烂，发病初期无明显症状，病枝叶片可能萎蔫，枝干溃疡，皮层腐烂、开裂，后皮失水干缩，春夏在病部长出很多粉红色小疣，即分生孢子座，其直径及高均为0.5～1.5mm。秋季在其附近产生小疱状的红色子囊壳丛，剥去病树皮可见木质部褐变。枝干较细的溃疡部可绕枝1周，病部以上枝叶干枯。

病原 *Nectria cinnabarina*，称朱红赤壳，属真菌界子囊菌门。无性态为 *Tubercularia vulgaris*。子囊壳群集在瘤状子座上，近球形，顶部下凹，鲜红色，直径约400μm。子囊棍棒状，（70～85）μm×（8～11）μm，侧丝粗，有分枝。子囊孢子长卵形，双胞无色，（12～20）μm×（4～6）μm。分生孢子座大，粉红色，分生孢子椭圆形，单胞无色，（5～7）μm×（2～3）μm。此病原菌为弱寄生菌，多为害树体衰弱的树木。

樱桃朱红赤壳枯枝病

传播途径和发病条件 生长期孢子随风雨、昆虫、工具等传播,病树、病残体等均为重要菌源。

防治方法 (1)加强樱桃园管理,深翻扩穴,适当施肥,增强树势,提高抗病力十分重要。(2)注意防寒,春季防旱,严防抽条。(3)及时剪除病枯枝,刮除大枝上的病斑,刮后涂41%乙蒜素乳油50倍液,1个月后再涂1次,也可喷洒30%戊唑·多菌灵悬浮剂1000倍液、21%过氧乙酸水剂1200倍液。

樱桃、大樱桃溃疡病

症状 为害叶片和茎秆。叶片染病产生红褐色至黑褐色圆形斑或角斑,多个病斑往往融合成不规则形大枯斑,可形成穿孔。在不成熟的樱桃果实上呈水渍状,边缘出现褐色坏死。受侵染组织崩解,在果肉里留下深深的黑色带,边缘逐渐由红变黄。茎部受害产生茎溃疡,呈水渍状、边缘褐色坏死圆形斑,往往流胶,引起枝条枯死。潜伏侵染的叶和花芽在春天不开花,出现死芽现象。花的枯萎随着侵染的发展迅速扩展到整个花束,致整束花成黑褐色。芽、茎秆、枝条上的溃疡逐渐凹陷,且颜色深。进入晚春和夏天经常出现流胶现象。进入秋季和冬季，病菌则通过叶片的伤口侵入植株，出现病痕，几个月后病痕扩展，造成枝梢枯死。在低温条件下由于病原菌具冰核作用，诱导细菌侵入，植株的修剪口、伤口也为病原菌提供了侵入的途径。

樱桃溃疡病病叶

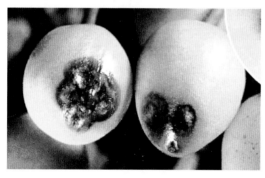

樱桃溃疡病果实受害状

病原 *Pseudomonas syringae* pv.*morsprunorum*，称丁香假单胞菌李变种。属细菌域普罗特斯细菌门。除侵染樱桃外，还可侵染桃、洋李、榆叶梅等。

传播途径和发病条件 病菌借风雨、昆虫及人和工具传播，病菌多从果实、叶、枝梢的伤口、气孔、皮孔侵入，进入春天叶片上的病斑为该病的发生提供了大量侵染源。秋季叶片上附生的病原细菌也是病原菌侵入樱桃叶片的侵染源。自然传播不是远距离的，国际间苗木的调运是该病传播的主要途径。

防治方法 （1）严格检疫。发现有病苗木及时销毁，生产上栽植健康苗木。（2）采用樱桃配方施肥技术，增施有机肥，使樱桃园土壤有机质含量达到2%，增强树势，提高抗病力十分重要。（3）发芽前喷洒5°Bé石硫合剂，发芽后喷洒50%氯溴异氰尿酸可溶性粉剂1000倍液或硫酸锌石灰液（硫酸锌0.5kg、消石灰2kg、水120kg，每月1次）。近年，果农直接喷硫酸锌2500倍液，效果好，但有些品种有药害。（4）修剪时，每隔半小时要消毒1次修剪工具，防止传染。

樱桃、大樱桃流胶病

症状 该病是樱桃生产上的重要病害，分为干腐型和溃疡型两种。干腐型：多发生在主干或主枝上，初呈暗褐色，病斑形状不规则，表面坚硬，后期病斑呈长条状干缩凹陷，常流胶，有的周围开裂，表面密生黑色小圆粒点。溃疡型：树体病部产生树脂，一般不马上流出，多存留在树体韧皮部与木质部之间，病部略隆起，后随树液流动，从病部皮孔或伤口流出，病部初呈无色略透明，后至暗褐色，坚硬。引发树势衰弱、产量下降、果质低下，损失惨重。

病原 *Botryosphaeria dothidea*，称葡萄座腔菌，属真菌界子囊菌门。

传播途径和发病条件 病原菌产生子囊孢子及其无性型产生分生孢子，借风雨传播，4～10月都可侵染，主要从伤口侵入，前期发病多，该菌寄生性弱，只能侵染衰弱树和弱枝。该菌具潜伏侵染特性，生产上枝干受冻、日晒、虫害及机械伤口常导致病菌从这些伤口侵入，一般从春季树液开始流动，就会出现流胶，6月上旬后发病逐渐加重，雨日多受害重。

樱桃干腐型流胶病伤
口流胶状（许渭根）

大樱桃主干上干腐型
流胶病

【防治方法】（1）加强樱桃园管理，增施有机肥或生物有机肥，使樱桃园土壤有机质含量达到2%以上，增强树势，合理修剪，1次疏枝不可过量，大枝不要轻易疏掉，避免伤口过大或削弱树势。（2）樱桃树忌涝，雨后及时排水，适时中耕松土，改善土壤通气条件。（3）发现病斑及时刮治，仅限于表层，伤口处涂抹41%乙蒜素乳油50倍液或30%乳油40倍液，1个月后再涂1次。（4）开春后树液流动时，用50%多菌灵可湿性粉剂300倍液灌根，1～3年生的树，每株用药100g，树龄较大的200g，开花坐果后用上述药量再灌1次，树势能得到恢复，流胶现象消失。

樱桃、大樱桃木腐病

症状 在树干的冻伤、虫伤、机械伤口等多种伤口部位散生或群生真菌的小型子实体，外部症状如膏药状或覆瓦状，受害木质部产生不明显的白色边材腐朽。

樱桃木腐病病枝上现小型子实体

樱桃木腐病子实体

病原 *Schizophyllum commune*（称裂褶菌）和*Fomes fulvus*（称暗黄层孔菌），均属真菌界担子菌门。裂褶菌子实体质地硬，菌盖与菌柄的组成物质相连接，子实体中央无柄，菌褶边缘尖锐，纵裂，分两半拳曲。暗黄层孔菌担子果介（子实体）壳形，大小（3～8）cm×（0.5～3）cm，木质，初红褐色有毛，后转为灰黑色光滑，边缘厚，菌肉红褐色，厚达1cm；孢子亚球形至卵形，无色，（4～5）μm×（3～4）μm，刚毛顶端尖，寄生在樱桃等李属树干上。

传播途径和发病条件 病菌以菌丝体在被害木质部潜伏越冬，翌年春天气温上升到7～9℃时，继续向健康部位侵入蔓延，气温16～24℃时扩展很快，当年夏、秋两季散布孢子，从各种伤口侵入，衰弱的樱桃树易感病，伤口多的衰弱树发病重。

防治方法 （1）加强樱桃园管理，增施肥料，及时修剪，增强树势，提高抗病力。对衰老树、重病树要及早挖除。发现长出子实体应尽快连同树皮刮除，涂1%硫酸铜消毒。（2）保护树体，减少伤口，对锯口要用2.12%腐殖酸铜封口剂涂抹。（3）也可用3.3%腐殖钠·铜水剂300～400倍液灌根。

樱桃、大樱桃根朽病

症状 主要为害樱桃树根颈部的主根和侧根，剥开皮层可见皮层与木质部之间产生白色至浅褐色扇状菌丝层，散有蘑菇气味，病组织在黑暗处产生蓝绿色的荧光。

樱桃树根朽病病部放大（李晓军）

病原 *Armillariella tabescens*，称败育假蜜环菌，属真菌界担子菌门。病部产生扇状白色菌丝层，后变成黄褐色至棕褐色，菌丝层上长出多个子实体。菌盖浅黄色，菌柄浅杏黄色。担孢子单胞，近球形。

传播途径和发病条件 病菌以菌丝体在病根或以病残体在土壤里越冬，全年均可发病，樱桃萌动时病菌开始活动，7～11月病部长出子实体，病菌以菌丝和菌索扩展传播，从根部伤口侵入向根颈处蔓延，沿主根向上下扩展，当病部扩展至绕茎1周时病部以上枯死。

防治方法 参见樱桃、大樱桃木腐病。

樱桃、大樱桃白绢烂根病

症状 又称茎基腐病。主要发生在樱桃树根颈部，病部皮层变褐腐烂，散发有酒糟味，湿度大时表面生出丝绢状白色菌丝层，后期在地表或根附近生出很多棕褐色油菜籽状小菌核。

病原 *Pellicularia rolfsii*，称白绢薄膜革菌，属真菌界担子菌门。子实体白色，密织成层。担子棍棒形，产生在分枝菌丝的尖端，产生担孢子；担孢子亚球形至梨形，无色单胞。

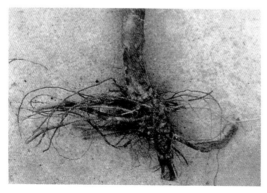

樱桃白绢烂根病

菌核在土壤中能存活5～6年，带菌土壤肥料等是初始菌源。发病期以菌丝蔓延或小菌核随水流传播进行再侵染。该病多从4月发生，6～8月进入发病盛期，高温多雨易发病。

防治方法 （1）选栽树势强抗病的品种，如早大果、美早、岱红、先锋、胜利、雷尼尔、萨蜜脱、艳阳、拉宾斯。（2）发现病株，要把病株周围病土挖出，病穴及四周用生石灰消毒，也可用50%石灰水浇灌，或用30%戊唑·多菌灵悬浮剂或21%过氧乙酸水剂1000倍液喷淋或浇灌，隔10天1次，连续防治3～4次。（3）樱桃园提倡开展果园抢墒种草技术，在果园中种植三叶草、草木樨等，既可保墒，根系又能进行生物固氮，翻压后可培肥果园土壤，又可减少白绢根腐病的发生。（4）围绕树干挖半径80cm、深为30cm的环形沟，除去坏死的根和病根表面的菌丝，在坑中灌入50%氟啶胺悬浮剂50～100kg，待药液渗透后覆土。

樱桃、大樱桃根癌病

症状 树茎基部或根颈处产生坚硬的木质瘤，苗木染病生长缓慢、植株矮小。

病原 *Agrobacterium tumefaciens*（Smith et Towns）Conn., 称根癌土壤杆菌，属细菌域普罗特斯菌门。德国科学家研究发现，该菌侵入后首先攻击果树的免疫系统，这种土壤杆菌的部分基因能侵入果树的细胞，能改变受害果树很多基因的表达，造成受害果树一系列激素分泌明显增多，引起受害果树有关细胞无节制地分裂增生产生根癌病。

樱桃树根癌病树枝干
上的癌瘤（许渭根）

传播途径和发病条件 根癌可由地下线虫和地下害虫传播，从伤口侵入，苗木带菌可进行远距离传播，育苗地重茬发病重，前茬为甘薯的犹其严重。

防治方法 （1）严格选择育苗地建立无病苗木基地，培养无病壮苗。前茬为红薯的田块，不要作为育苗地。（2）严格检疫，发现病苗一律烧毁。（3）对该病以预防为主，保护伤口，把该菌消灭在侵入寄主之前，用次氯酸钠、K84、乙蒜素浸苗有一定效果，生产上可用10%次氯酸钠+80%乙蒜素（3：1）500倍液或4%庆大霉素+80%乙蒜素（1：1）1050倍液、4%硫酸妥布霉素+80%乙蒜素（1：1）1050倍液进行土壤、苗木处理效果好于以往的硫酸铜、晶体石硫合剂等。（4）新樱桃园逐年增施有机肥或生物活性有机肥，使土壤有机质含量达到2%，以利增强树势，提高抗病力。（5）发病初期喷洒50%氯溴异氰尿酸可溶性粉剂或30%戊唑·多菌灵悬浮剂1000倍液、80%乙蒜素乳油2000倍液。

樱桃、大樱桃坏死环斑病

症状 山东大紫樱桃上发病，该病在早春刚展开的樱

樱桃坏死环斑病毒病
樱桃幼树顶梢坏死

樱桃坏死环斑病毒病
产生的黄绿色环斑

樱桃坏死环斑病毒病
叶片坏死穿孔

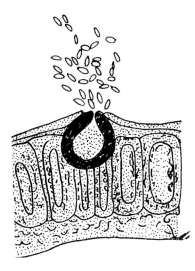

李属坏死环斑病病毒粒体

桃叶片上或一些枝条上的成长叶片上产生症状，先产生黄绿色环斑或带状斑，在环斑的内部生有褐色坏死斑点，后病斑坏死破裂造成穿孔，发病重的叶片开裂或仅存叶脉。危害特大，染病后嫁接苗的成活率下降60%，株高降低16%，减产30%～57%。

病原 *Prunus necrotic ringspot virus*（PNRSV），称李属坏死环斑病毒，属病毒，是世界范围内分布的病毒，是核果类非常重要的病毒。病毒粒体球状，直径23nm，钝化温度55～62℃，经10min，该病毒不稳定。

传播途径和发病条件 靠汁液传毒。生产上主要通过嫁接和芽接传毒。李属植物的种子传毒率高达70%。介体昆虫蚜虫和螨（*Vasates fockeui*）亦传毒，也可通过无性繁殖苗木、组培苗等人为途径进行长距离传播，还可通过花粉在果园内迅速传播。

防治方法 （1）严格检疫，尤其是苗木具有非常高的潜在危险性。（2）合理密植，不可栽培过密，农事操作需小心从事。（3）从健株上采种，带毒接穗不能用于嫁接。（4）生产上注意防治传毒蚜虫、螨及线虫，必要时喷洒杀虫杀螨剂，控制传毒蚜虫和螨类。（5）发病初期喷洒50%氯溴异氰尿酸水溶性粉剂1000倍液。

樱桃、大樱桃褪绿环斑病毒病

症状 在中华樱桃上或野生樱桃或栽培樱桃幼树上经常表现症状，在叶片主脉两侧产生形状不定的鲜黄色病变，有的产生黄色环斑。该病在结果树上多为潜伏侵染，影响樱桃树的生长和结果。

病原 *Prune dwarf virus*（PDV），称洋李矮缩病毒，属病毒。粒体球状或杆状，属多分体病毒，无包膜，有6种组分，病毒粒体包含14%核酸、86%蛋白，脂质为0，正义单链RNA，是为害樱桃、桃、李、杏等核果类果树及砧木的主要病毒。

传播途径和发病条件 汁液、种子、花粉均可传播。北京地区以前没有PDV发生报道，北京地区核果类种苗多从广州、山东引进，引进成型种苗或培育好的砧木。生产上PDV的远距离传播也是种苗调运，引种未经检定的带病种苗，很可能是该地区核果类果园病毒病发生的主要原因。该病毒存在于多种多年生寄主植物上，通常通过嫁接芽、接穗传播。也可通过染病的花粉传播，尤其是樱桃、酸樱桃种植园，所有对授粉有影响的因素都会影响PDV通过花粉传播。PDV还可通过樱桃、酸樱桃、樱桃李的种子传播。

防治方法 （1）选育抗病品种。（2）严格检疫，栽植无病苗木。（3）发病初期喷洒50%氯溴异氰尿酸水溶性粉剂1000倍液。

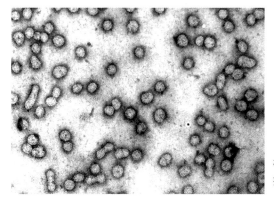

樱桃褪绿环斑病毒病
病叶症状

樱桃褪绿环斑病毒病
典型症状

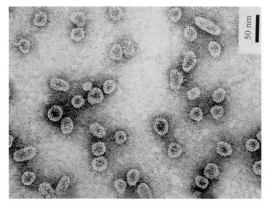

提纯的洋李矮缩病毒
（PDV）

樱桃、大樱桃花叶病毒病

症状 樱桃病毒病症状常因毒原不同表现多种症状。叶片出现花叶、斑驳、扭曲、卷叶、丛生，主枝或整株死亡，坐果少、果子小，成熟期参差不齐等。一般减产20%～30%，严重的造成失收。

樱桃花叶病毒病症状

病原 重要的毒原有*Cherry mottle leaf virus*（称樱桃叶斑驳病毒）；*Apple chlorotic leaf spot virus*（称苹果褪绿叶斑病毒）；*Cherry rasp leaf virus*（称樱桃锉叶病毒）；*Cherry twisted leaf virus*（称樱桃扭叶病毒）；*Cherry little cherry virus*（称樱桃小果病毒）；*Prunus necrotic ringspot virus*（称核果坏死环斑病毒）；*Cherry rusty mottle virus group*（称樱桃锈斑驳病毒）等。

传播途径和发病条件 上述毒原常在树体上存在，具有前期潜伏及潜伏侵染的特性，常混合侵染。靠蚜虫、叶蝉、线虫、花粉、种子传毒，此外嫁接也可传毒。

防治方法 （1）建园时要选用无毒苗。（2）选用抗性强的品种和砧木。（3）发现蚜虫、叶蝉等为害时及时喷洒10%吡虫啉和40%吗啉胍·羟烯腺·烯腺可溶性粉剂800倍液防治，以减少传毒。（4）必要时喷洒24%混脂酸·铜水乳剂600倍液或10%混合脂肪酸水乳剂100倍液、7.5%菌毒·吗啉胍水剂

500倍液、20%盐酸吗啉双胍·胶铜可湿性粉剂500倍液、8%菌克毒克水剂700倍液。

樱桃、大樱桃裂果

症状 樱桃裂果常见有横裂、纵裂、斜裂3种类型。果实裂开后失去商品价值，还常引发霉菌侵入，造成果腐。

樱桃裂果

病因 一是进入果实膨大期，由于水分供应不均匀或久旱不雨持续时间长，突然浇水过量或遇有大暴雨天气，樱桃吸水后果实迅速膨大，尤其是果肉膨大速度快于果皮生长速度，就会产生裂果。二是土壤贫瘠有机质含量低，土壤团粒结构少，储水、供水能力差，土壤中容易缺水，也易引起裂果。三是与品种特性有关，有的品种易裂。

防治方法 （1）选栽抗裂果能力强的品种。如早大果、美早、岱红、胜利等不裂果的品种，或裂果轻的品种如先锋、雷尼尔、萨蜜脱斯塔克、艳红、友谊、拉宾斯、甜心、红手球。（2）选择土壤肥沃的地方建园。并增施有机肥，培肥地力使土壤有机质含量达到2%以上，提高土壤储水、供水能力。（3）加强水肥管理，适时、均衡浇水，大力推广水肥一体化技术，可有效减少裂果。果实膨大期采用搭棚覆盖塑料薄膜进行避雨栽培。（4）果实成熟期，成熟果实遇雨后进行抢摘亦是减少损失的重要方法之一。（5）提倡喷洒3.4%赤·吲乙·芸（碧护）可湿性粉剂7500倍液，可有效防止樱桃裂果，品质明显提高。（6）应用植物生长调节剂等技术措施，采收前30～35天喷布1mg/L萘乙酸，可减轻遇雨引起的樱桃裂果，并有效减少采前落果。（7）甜樱桃开花后13天喷洒20mg/L细胞分裂素，可减少樱桃裂果，促进着色。

北京樱桃雨后落果

樱桃、大樱桃缺铁黄化

症状 又称樱桃、大樱桃缺铁黄叶症。新梢顶端的嫩叶先变黄，下部的老叶基本正常，随着病情逐渐加重，造成全树

樱桃缺铁黄化

嫩叶严重失绿，叶脉仍保持绿色，严重的全叶变成浅黄色或黄白色，叶缘现褐色坏死斑或焦枯，新梢顶端枯死。

病因 从我国樱桃栽植区土壤含铁情况来看，一般樱桃园土壤并不缺铁，但在盐碱含量高的地区，经常出现可溶性二价铁转化成不可溶的三价铁，三价铁不能被果树吸收利用，造成樱桃树出现缺铁。生产上凡是产生土壤盐碱化加重的原因，都会造成樱桃树缺铁症加重。生产上土壤干旱时盐分向土壤表层集中，地下水位高的低洼处，盐分随地下水在地表积累，使缺铁症加重。

防治方法 （1）增施有机肥，使樱桃园土壤有机质含量达到2%，改变土壤团粒结构和理化性质，使其释放被固定的铁元素。改土治碱，疏通排灌系统，掺沙改造黏土，增加土壤透水性。（2）发芽前枝干喷施0.4%硫酸亚铁溶液。（3）每667m^{2}樱桃园施有机肥3000kg，加入硫酸亚铁4～5kg充分混匀，2年内有效。

樱桃坐果率低

症状 甜樱桃大量落果主要出现在花后7～10天、花后20～25天和采前10～15天。一般硬核期易发生落果。俗话说樱桃好吃，树难栽，棚室栽培的樱桃尤其如此。有时候看见花量很大，可到头来落花落果严重，坐果率极低。

病因 樱桃坐果率低的原因：一是授粉受精不良。不同樱桃种类之间自花结实能力差别很大。中国樱桃、酸樱桃自花结实率很高，生产上不用配置授粉品种和人工授粉，仍然可获得高产。至于甜樱桃大部分品种都有自花不实的情况，生产上单栽或混栽几个花粉不亲和的樱桃树，往往只开花不结实，甜樱桃极性生长旺盛，花束状结果枝不易产生，自花授粉率特

樱桃坐果率低

樱桃落花落果

低。二是树体储备营养不足，生产上水肥不足或施肥不当。幼树期若是偏施氮肥，很容易引起生长过旺，造成适龄树不开花不坐果，或开花不坐果；樱桃进入硬核期，新梢与幼果争夺养分和水分，幼果因得不到充足的养分，出现果核软化，果皮发黄而脱落；花芽分化期因树体养分不足，产生雌蕊败育花而不能坐果。生产上缺少微量元素，尤其是缺硼，造成花粉粒萌发和花粉管伸长速度减缓，造成受精不良而落花。三是ABA（脱落酸）可促进离层的形成，促进器官脱落，但脱落酸的作用受CTK（细胞分裂素）、IAA（生长素）的制约。红灯甜樱桃果肉内脱落酸含量及ABA/（CTK+GA+IAA）比值分别在盛花后5天、15天和35天出现高峰，且都在15天时达到最大值，这与甜樱桃3次落果时期相吻合。四是进入硬核期后营养需求达到最大，当大棚白天10cm处土温15～18℃，夜间10cm处土温14～16℃，20～30cm处土壤温度更低，根系发育滞后，不发新根，吸肥吸水能力弱，难以满足果实对水肥的需要，硬核期易发生落果。

防治方法 （1）提倡高垄栽培，提早覆地膜、全地面覆盖地膜，提高地温，增加熟土层厚度，促进根系发育，提高根系吸水吸肥性能，降低棚内湿度，提高花粉活性，减少落花落果，一般应在大棚升温前1周全棚覆盖地膜，沟施有机肥。（2）精细修剪，适量留花。花量过多，开花量大，储备营养消耗多，特别是弱树、弱枝上，过多开花造成营养不足，发生落果。对此要提前疏花疏果，疏花时可直接剪掉整个花序，有利于集中营养，提高果实品质。（3）合理控旺调整好树势。树势过旺难于坐果，有的经多年调整过来，控旺过重则树势太弱，虽然坐住一些果子，但坐住的果子商品性不好，有经验的果农采用环割、使用植物生长调节剂、断根等方法。主干环割应请有经验的果农师傅，在春季大樱桃花芽正要"鼓苞"时进行，不宜过早或过迟，环割的程度应根据树势和枝干粗细确定，环割的部位应靠近主干的主枝基部，对长势弱的主枝不环割，对长势过旺的树，可在主枝之间的树干上环割。环割圈数的多少要按照树势和环割后树体的反应适当增减，一般直径5～10cm

的枝割5～7圈，直径10～13cm的枝环割10～13圈，20cm以上的枝割14～15圈。环割深度以达到木质部为宜。在主干上环割，每组刀（如果用环割刀环割，每1操作可割出2圈成为1组）之间以相隔8～10cm为宜。通过环割可大大提高樱桃坐果率。大樱桃易流胶，环割不宜过宽，以防伤口感染流胶病，发现流胶时可涂抹3.3%腐殖钠·铜膏剂，5～10天1次，涂2次，也可喷洒3.3%水剂300～400倍液。（4）使用植物生长调节剂、果树促控剂PBO控旺。樱桃盛花期每隔10天喷洒20～60mg/L赤霉素，连喷2次，可提高坐果率10%～20%。大棚樱桃在初花期喷洒15～20mg/L赤霉素，盛花期喷0.3%尿素及0.3%硼砂，幼果期喷0.3%磷酸二氢钾，对促进坐果、提高产量效果显著。红灯、先锋、美甲、滨库等大樱桃，于初花期、盛花期各喷1次25%PBO粉剂250倍液可明显提高大樱桃坐果率，防止生理落果。若遇冻害可在幼果期再喷1次，在霜冻条件下保花保果效果好。（5）大樱桃于初花期、盛花期各喷1次1.8%爱多收液剂5000倍液可提高坐果率。（6）多效唑对大樱桃开花结果作用明显，可使花芽增加，坐果率提高，由于大樱桃花芽的集中分化期是在采果之后，生产上应在采后及时叶面喷施300倍液。樱桃施用多效唑要因树而定，旺树用，弱树不用，对同一棵树枝梢旺的可多喷，弱的部位少喷或不喷。多效唑显效慢用后20天才能看出效果，千万不可多喷，防止抑制树势过度。此外，花期喷洒稀土微肥250倍液也可提高坐果率。（7）樱桃采果后应及时施用基肥，并深翻土壤进行断根处理，可减弱根系生长优势，提高地上部营养积累，使较多营养用于花芽分化。樱桃采收后即进入雨季，雨日多或雨量大时要开沟排水，防止沤根。有条件的注意进行夏季拉枝，防止内膛空虚，结果部位外移以缓和、平衡树势。（8）5月20日山东烟台喷洒0.136%赤·吲乙·芸3次樱桃坐果率高、果粒均匀，提早成熟。

2. 樱桃、大樱桃害虫

樱桃绕实蝇

学名 *Rhagoletis cerasi*（Linnaeus），属双翅目，实蝇科。分布在俄罗斯、乌克兰、格鲁吉亚、哈萨克斯坦、塔吉克斯坦等国，是中国对外检疫对象。

寄主 圆叶樱桃、欧洲甜樱桃。

樱桃绕实蝇

危害状

幼虫

樱桃绕实蝇幼虫为害状及果面上的幼虫

为害特点 为害樱桃果实，产卵季节危害最重，受蛀害果实易腐烂。

形态特征 幼虫：白色，体长4～6mm，宽1.2～1.5mm。成虫：体黑色，长3.5～5mm，胸部、头部有黄色斑。翅透明，有4条蓝黑色条纹。小盾片缺基部的暗色痕迹。

生活习性 2～3年完成1代，蛹可连续越冬2～3次，成虫于5月底～7月初在果园出现，栖息在树上，成虫刺吸果汁，成虫羽化10～15天开始把卵产在果皮下，每雌产卵50～80粒，着卵果实开始变红，卵经6～12天孵出幼虫取食果肉，幼虫期最长30天，后钻土化蛹越冬。该成虫通过飞翔传播，幼虫可通过樱桃果实携带传播。

防治方法 （1）严格检疫，防止传入我国。（2）进境旅客携带樱桃检出绕实蝇时，马上销毁。

樱桃园黑腹果蝇

学名 *Drosophila melanogaster* Meigen，属双翅目、果蝇科。别名：红眼果蝇、杨梅果蝇。分布在四川、浙江等地。

寄主 主要为害樱桃和杨梅等核果类果树。

为害特点 以雌成虫把卵产在樱桃或杨梅果皮下，卵孵化后以幼虫取食果肉，极具隐蔽性，造成果实腐烂。虫果率50%左右，对樱桃生产造成严重威胁。该虫危害樱桃系首次报道。

形态特征 成虫：体小，体长4～5mm，淡黄色，尾部黑色；头部生很多刚毛；触角3节，椭圆形或圆形，芒羽状，有时呈梳齿状；复眼鲜红色，翅很短，前缘脉的边缘常有缺刻。雌蝇体较大，腹部背面有5条黑条纹。雄蝇稍小，腹末端圆钝，腹部背面有3条黑纹，前2条细，后1条粗。卵：椭圆，形，白色。幼虫：乳白色，蛆状，3龄幼虫体长4.5mm。蛹：
梭形，浅黄色至褐色。

黑腹果蝇和伊米
果蝇幼虫为害樱
桃（郭迪金）

樱桃黑腹果蝇成虫放
大（梁森苗）

生活习性 樱桃、杨梅果实近成熟时进行为害，室温
21～25℃、相对湿度75%～85%第1代历期4～7天，其中
成虫期1.5～2.5天，卵期1～2天，幼虫期0.6～0.7天，蛹
期1.1～2.2天。成虫有一定飞行能力，可在自然条件下传播危
害，主要靠果实调运扩散传播。在浙江产区该虫发生盛期在6
月中、下旬和7月中、下旬，幼虫老熟后钻入土中或枯叶下化
蛹，也可在树冠内隐蔽处化蛹。

防治方法 （1）清除樱桃园、杨梅园腐烂杂物、杂草，并用40%辛硫磷乳油1000倍液对地面进行喷雾。（2）发现落地果实及时清除并集中烧毁或覆盖厚土，并用50%敌百虫乳油500倍液喷雾，防止雌蝇向落地果上产卵。（3）进入成熟期之前或5月上旬用1.8%阿维菌素乳油3000倍液喷洒落地果。（4）保护利用园中的蜘蛛网，捕食果蝇成虫。（5）喷烟熏杀。（6）樱桃进入第1生长高峰期用敌百虫：香蕉：蜂蜜：食醋以10：10：6：3的比例配制混合诱杀浆液，每667 m^2 果园堆放10处进行诱杀，防效显著，好果率达90%以上。

樱桃园梨小食心虫

学名 *Grapholitha molesta* Busck，简称梨小，又称东方蛀果蛾。主要为害梨，也为害桃、樱桃、苹果、李、梅等多种果树，以幼虫蛀害樱桃的新梢，在樱桃上有时也为害果实。该虫在东北1年发生2～3代，华北3～4代，黄河流域4～5代，长江流域或长江以南5～6代，均以老熟幼虫在翘皮或裂缝中结茧越冬。3～4代区进入4月中旬～5月下旬出现越冬代成虫，以后各代成虫期分别在6月中旬～7月上旬、7月中旬～8月上旬、8月中旬～9月上旬。幼虫老熟后咬1脱果孔，爬至树干基部做茧化蛹，成虫寿命10天左右，第1代卵期7～10天，幼虫期15天，蛹期7～10天。雨日多、湿度大的年份发生重。

防治方法 （1）新建樱桃园不要与梨树、苹果、桃树等混栽。（2）果实采收前在树干上绑草绳诱集越冬幼虫并集中烧毁。（3）早春刮除树干上的翘皮，集中烧毁。（4）在成虫发生期用糖醋液加性诱剂（主要成分是顺-8-十二碳烯醇醋酸酯、反-8-十二碳烯醇醋酸酯）制成水碗诱捕器，诱杀雄虫，每天

樱桃园梨小食心虫幼
虫放大

或隔天清除死虫，添加糖醋液，每667 m² 挂2～3个。（5）7
月中、下旬在成虫向樱桃果实上产卵时释放赤眼蜂，每667m²
释放2.5万头，寄生率高。（6）华北樱桃产区诱捕器出现成虫
高峰后，田间卵果率1%时，喷洒24%氰氟虫腙悬浮剂1000倍
液或35%氯虫苯甲酰胺水分散粒剂7000～10000倍液，持效
20天。

樱桃园桃蚜

学名 *Myzus persicae*（Sulzer）。

寄主 主要为害桃、樱桃。

为害特点 以成蚜和若蚜密集在叶片和嫩梢上吸食汁液，
造成叶片扭曲、皱缩。

形态特征 无翅胎生雌蚜虫体绿色或黄绿或赤绿色，有
额瘤，腹管中等长，尾片圆锥形。桃蚜年生10～30代，以卵
在桃树枝梢芽腋或小枝裂缝处越冬，在桃树发芽时，卵孵化为
干母，群聚在芽上为害，展叶后转移到叶背为害，排泄黏液，
5月繁殖特快，为害也大，6月以后产生有翅蚜，转移到烟草或
蔬菜上为害，10月份以后飞回到桃、樱桃树上，产生有翅蚜，

交尾后产卵越冬。气温24℃、相对湿度50%有利其发生，其天敌常见的有食蚜蝇、草蛉、蚜茧蜂、异色瓢虫、龟纹瓢虫等捕食蚜虫。

桃蚜红色型和绿色型

[防治方法]（1）休眠期剪除有越冬卵的枝条，发芽前喷施50%矿物油50倍液杀灭越冬卵，还能兼治介壳虫及叶螨。（2）春季卵孵化后于开花前或落叶后喷洒25%吡蚜酮或10%吡虫啉3000倍液。（3）落花期向树干上涂3%高渗吡虫啉乳油或50%乙酰甲胺磷乳油加水3倍液，涂完后过几分钟再涂1次，涂宽为15cm，再用膜包扎，14天后把塑料膜去掉效果好。（4）塑料棚保护地樱桃发生蚜虫时，采用农业防治法。①桃蚜春季种群源于大棚里的越冬卵，针对此消灭越冬前1代母蚜能有效降低越冬卵数量，是保护地桃蚜防治最重要的措施，因此冬、夏不要套种萝卜、油菜等十字花科替代寄主，不为桃蚜越冬、越夏创造有利条件，提倡间作蒜、芹菜等蚜虫忌避的蔬菜。②入冬后及早清除枯枝落叶和杂草，集中深埋或烧毁，可大大减少越冬蚜源。③3月初桃蚜多先发生在大棚南侧上层局部树冠上，应先行挑治或剪除虫多的枝叶。5月下旬有翅蚜大量出现时可不用药，只要结合修枝剪叶及果园清洁等措施进行防治。（5）保护地采用生物防治。3月中、下旬保护地桃蚜急剧增殖，

棚温为20～26℃，正处在桃蚜最适温区内，这时其天敌数量少，应千方百计提高棚中天敌数量，在大棚内向阳背风处设置草堆、树皮等保暖生境，诱集瓢虫、草蛉等捕食性天敌越冬，可提高天敌越冬数量；清除枯枝时注意保留含有僵蚜的枝条。有条件的向棚内释放七星瓢虫或草蛉，发挥生物防治的作用。

（6）大棚药剂防治。加强观测大棚南侧和树冠上层温度回升快的部位，发现有蚜时喷洒25%吡蚜酮可湿性粉剂2000～2500倍液或35%高氯·辛乳油1500倍液、1.5%氰戊·苦参碱乳油900倍液、3.5%吡·高氯乳油2000倍液、5%啶虫脒乳油2500倍液。出现抗药性的地区还可喷施阿立卡，每桶水对药15～20ml或锐胜每桶水对10g防效好！

樱桃卷叶蚜

学名 *Tuberocephalus liaoningensis* Zhang，属同翅目、蚜科。分布在北京、辽宁、吉林、河南等地。

寄主 樱桃。

樱桃卷叶蚜放大

为害特点 在樱桃幼叶叶背为害，致受害叶纵卷呈筒状略带红色，后期受害叶干枯。

形态特征 无翅孤雌蚜：体长2mm，宽1mm，体背面色深，前胸、第8腹节色浅。体背粗糙，有六角形网纹。节间斑明显。背毛棒状，头部有18根毛，第1～6腹节各生缘毛2对，第7节3对，第8节2对。触角长0.91mm，第3节长0.25mm。喙超过中足基节。腹管圆筒形。尾片三角形。有翅孤雌蚜：头、胸黑色，腹部色浅，有斑纹。第1～7腹节都生缘斑，第1、第5节小，第1、第2各节中斑呈横带或中断，第3～6节中侧斑融合成1块大背斑。触角第3节生20～25个圆形次生感觉圈，第4节上有5～8个。

防治方法 参见樱桃园桃蚜。

樱桃瘿瘤头蚜

学名 *Tuberocephalus higansakurae*（Monzen），属同翅目、蚜科。分布于北京、河北、河南、浙江、陕西等地。

寄主 樱桃，是一种只为害樱桃树叶片的蚜虫。

樱桃瘿瘤头蚜无翅孤雌蚜和有翅孤雌蚜

为害特点 受害叶片端部或侧缘产生肿胀隆起的伪虫瘿，虫瘿初呈黄绿色，后变成枯黄色，蚜虫在虫瘿内为害和繁殖，5月底黄褐或发黑干枯。

形态特征 无翅孤雌蚜：体长1.4mm，宽0.97mm，头部黑色，胸、腹背面色深，各节间色浅，第1、第2腹节各生1条横带与缘斑融合，第3～8横带与缘斑融合成1大斑，节间处有时现浅色。体表粗糙，生有颗粒状形成的网纹。额瘤明显，内缘向外倾，中额瘤隆起。腹管圆筒形，尾片短圆锥形，生曲毛4～5根。有性孤雌蚜：头、胸均为黑色，腹部色浅。第3～6腹节各生1条宽横带或破碎狭小的斑，第2～4节缘斑大，腹管后斑大，前斑小或不明晰。触角第3节具小圆形次生感觉圈41～53个，第4节具8～17个，第5节具0～5个。

生活习性 年生多代，以卵在樱桃嫩枝上越冬，翌春越冬卵孵化为干母，进入3月底在樱桃叶端或侧缘产生花生壳状伪虫瘿并在瘿中生长发育、繁殖，进入4月底在虫瘿内长出有翅孤雌蚜，并向外迁飞。10月中、下旬产生性蚜，在樱桃树嫩枝上产卵越冬。

防治方法 （1）春季结合修剪，剪除虫瘿并集中烧毁。（2）保护利用食蚜蝇、蚜茧蜂、瓢虫、草蛉等，有较好控制作用，不要在天敌活动高峰期喷洒广谱性杀虫剂。（3）从樱桃树发芽至开花前越冬卵大部分已孵化时喷洒25%吡蚜酮可湿性粉剂2000～2500倍液或20%吡虫啉浓可溶剂2500倍液、3%啶虫脒乳油2000倍液、20%丁硫·马乳油1500倍液。

樱桃园苹果小卷蛾

学名 *Adoxophes orana orana* Fiscber von Roslerstamm。

寄主 寄主广，除为害苹果、梨、桃、李、杏、石榴、柑橘外，还为害樱桃。

为害特点 在樱桃园以幼虫卷叶为害嫩叶和新梢，幼虫吐丝缀叶，常把叶片缀贴在果面上，幼虫啃食果面，可造成大量落果。

生活习性 该虫在宁夏1年发生2代，辽宁、山西、北京、山东、河北、陕西北部年生3代，南部3～4代，黄河故道一带4代，各地均以2龄幼虫在树皮缝、剪锯口结白色薄茧越冬。3代区翌年4月上、中旬出蛰，5月上旬在新梢上卷叶为害，5月下旬化蛹，6月中旬进入越冬代成虫盛发期，卵多产在叶背。第1代成虫盛发期在8月上旬，卵产在叶背或果面，7月底～8月下旬出现第2代幼虫，9月中旬进入第2代成虫盛发期，产卵孵化后幼虫为害不久又做茧越冬。其天敌有赤眼蜂、甲腹茧蜂。

苹果小卷蛾成虫和幼虫

防治方法 （1）防治越冬幼虫。上年受害重的樱桃园在越冬出蛰前刮除老翘皮，集中烧毁。再用80%敌敌畏乳油100倍液封闭剪锯口，消灭越冬幼虫。（2）4月中、下旬越冬代幼虫和5～6月第1代幼虫卷叶为害时，人工摘除虫苞，集中烧毁。（3）在越冬代和第1代成虫发生期，用性诱剂（顺-9-十四烯醇乙酸酯与顺-11-十四烯醇乙酸酯之比为7∶3）配合糖醋液诱杀成虫。糖醋液配方：糖5份、酒2份、醋20份，加水80份。每667m²也可用苹小性诱芯2枚，高度1.5m，每月更换1次诱芯，每天清理1次诱盆中的死蛾。（4）成虫产卵盛期释放赤眼蜂，每次每株释放1000头，隔5天1次，连放4次。（5）在越冬幼虫出蛰初盛期和成虫高峰期喷洒5%氯虫苯甲酰胺悬浮剂1000倍液或24%氰氟虫腙悬浮剂1000倍液或20%虫酰肼乳油2000倍液或25%灭幼脲悬浮剂1500倍液。少用或不用菊酯类杀虫剂，以保护天敌。

樱桃园黄色卷蛾

学名 *Choristoneura longicellana* Walsingham，属鳞翅目、夜蛾科，又叫苹果大卷叶蛾。

寄主 除为害桃、李、杏、梅、苹果、梨外，还为害樱桃。

为害特点 以幼虫吐丝把叶片或芽缀合在一起，或单叶卷起潜伏在其中为害叶片和果实，或啃食新梢上的嫩芽或花蕾，造成受害果坑坑洼洼。

生活习性 该虫在辽宁、河北、陕西年生1代，均以低龄幼虫在树干翘皮下或剪口、锯口处结白茧越冬，翌春樱桃树开花时幼虫出蛰，为害嫩叶或卷叶，老熟后在卷叶内化蛹，蛹期6～9天，6月上旬始见越冬成虫，6月中旬进入成虫盛发期，羽化后昼伏夜出，交尾后把卵产在叶上。卵期5～8天。初孵幼虫借吐丝下垂分散到叶上，啃食叶背的叶肉，2龄后卷叶。6月下旬～7月上旬为第1代幼虫发生期，8月上旬第1代成虫出现，8月中旬进入成虫盛发期。成虫继续产卵，出现第2代幼虫，为害一段时间后寻找适当场所越冬。

樱桃园黄色卷蛾幼虫
及其为害嫩梢叶片状

防治方法 参见苹果小卷蛾。

樱桃叶蜂

学名 *Trichiosoma bombiforma*，属膜翅目、叶蜂科。

寄主 樱桃、蔷薇、月季、玫瑰等果树和花卉等。

为害特点 以幼虫咬食寄主叶片，大发生时，常多头幼虫群集于叶背，将叶片吃光。雌虫产卵于枝条，造成枝条皮层破裂或枝枯，影响生长发育。

形态特征 成虫：体长7.5mm，翅黑色，半透明；头、胸部和足黑色，有光泽；腹部橙黄色；触角鞭状3节，第3节最长。幼虫：体长20mm，初孵时略带淡绿色，头部淡黄色，后变成黄褐色；胴部各节具3条横向黑点线，黑点上生有短刚毛；腹足6对。蛹：乳白色。茧：椭圆形，暗黄色。

生活习性 年生1代，以蛹在寄主枝条上越冬。成虫于翌年3月中旬～4月上旬羽化，4月中旬～6月上旬进入幼虫为害期，幼虫期50多天，6月上旬开始化蛹，以后在枝条上越冬。雌成虫产卵时，先用产卵器在寄主新梢上刺成纵向裂口，然后产卵其内，产卵部位常纵向变色，外覆白色蜡粉。幼虫孵化后，转移到附近叶片上为害。幼虫取食或静止时，常将腹部末端上翘。

樱桃叶蜂幼虫及其为
害叶片状（刘开启）

樱桃叶蜂成虫及产卵
部位（刘开启）

防治方法（1）成虫产卵盛期，及时发现和剪除产卵枝梢；幼虫发生期，人工摘除虫叶或捕捉幼虫。（2）发生严重时，于幼虫期喷洒20%氰·辛乳油1000倍液或2.5%溴氰菊酯乳油2000倍液、5%天然除虫菊素乳油1000倍液。

樱桃园梨叶蜂

学名 *Caliroa matsumotonis* Harukawa，属膜翅目、叶蜂

科。又称桃黏叶蜂。分布在山东、河南、山西、西北、四川、浙江、云南等地。

樱桃园梨叶蜂幼虫为害状（夏声广）

梨叶蜂在叶缘群集

寄主 梨叶蜂除为害梨、桃、李、杏外，还为害樱桃、柿、山楂等。以低龄幼虫取食叶肉，仅残留表皮，从叶缘向里食害，为害时以胸足抱着叶片，尾部多翘起。幼虫略长大食叶成缺刻或孔洞。大发生时把叶食成残缺不全或仅留叶脉。

生活习性 该虫以老熟幼虫在土中结茧越冬，河南、南京成虫于6月羽化，陕西8月上旬幼虫为害最重。

防治方法 （1）春季或秋季对樱桃园进行浅耕，杀灭越冬幼虫。（2）6月份地面防治梨小食心虫或桃小食心虫时用30%辛硫磷微胶囊悬浮剂200～300倍液地面喷雾，能有效防治梨叶蜂。（3）幼虫为害初期喷洒2.5%溴氰菊酯乳油2000倍液或10%联苯菊酯乳油或水乳剂3000倍液、35%辛硫磷微胶囊剂800倍液。

樱桃实蜂

学名 *Fenusa* sp.，属膜翅目、叶蜂科，是近年发现的新害虫，分布于陕西、河南等地。

寄主 樱桃。

樱桃实蜂幼虫及果实受害状

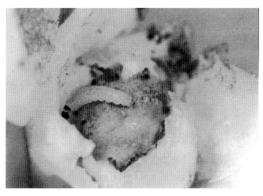

樱桃实蜂幼虫及为害樱桃果实状

为害特点 以幼虫蛀入果内取食果核和果肉。受害重的虫果率高达50%，受害果内充满虫粪。后期果顶变红脱落。

形态特征 雌成虫：体长5.3～5.7mm，翅展12～13mm。成虫头、胸、腹背面黑色，复眼黑色，3单眼橙黄色，触角9节丝状，第1、第2节粗短黑褐色。中胸背板具"X"形纹。翅透明，翅脉棕褐色。卵：乳白色，透明，长椭圆形。末龄幼虫：头浅褐色，体黄白色，胸足不发达，体多皱褶和凸起。茧：圆柱形，革质，蛹浅黄色至黑色。

生活习性 年生1代，以老熟幼虫结茧在土中滞育，12月中旬开始化蛹。翌年3月中、下旬樱桃开花期羽化，交配后把卵产在花萼下，初孵幼虫从果顶蛀入，5月中、下旬脱果入土结茧滞育。成虫羽化盛期正值樱桃始花期，早晚、阴天栖息在花冠上，取食花蜜，补充营养，中午交配产卵，幼虫老熟后从果柄处咬1脱果孔落地钻入土中结茧越冬。

防治方法 （1）老龄幼虫入土越冬时，可在树体周围深翻5～8cm杀灭幼虫，也可在4月中旬幼虫尚未脱果时及时摘除虫果深埋。（2）樱桃开花初期喷洒80%或90%敌百虫可溶性粉剂1000倍液或20%氰戊菊酯乳油2000倍液杀灭羽化盛期的成虫。（3）4月上旬卵孵化期，孵化率达5%时，喷洒40%敌百虫乳油500倍液或20%氰·辛乳油1000倍液、9%高氯氟氰·噻乳油1100倍液。

樱桃园角斑台毒蛾

学名 *Teia gonostigma*（Linnaeus），属鳞翅目、毒蛾科。分布在东北、华北、河南、山西等地。

寄主 主要为害樱桃、桃、李、杏、苹果、梨、山楂等。

为害特点 以幼虫食叶和芽成缺刻或孔洞，严重时嫩叶全被吃光，仅留叶柄，果实受害被啃成大小不等的小洞，直接影响果树开花，造成成果率降低。

生活习性 该虫在东北年生1代，华北2代，山西3代。以2～3龄幼虫在翘皮下或落叶下越冬，樱桃发芽后开始为害，6月末老熟后在枝杈处缀叶结茧化蛹。7月上旬羽化，把卵产在茧上，每块100～250粒。孵化后幼虫分散为害，后越冬。

樱桃园角斑台毒蛾
幼虫

防治方法 （1）花芽分离期用5° Bé石硫合剂或辛硫磷乳油1000倍液。（2）人工捕杀。生长季人工捏卵块，摘除蛹叶。初春早晨日出前，在枝干上和芽基处捕杀幼虫。（3）诱杀成虫。成虫发生期5月上旬、6月下旬、8月上旬安装诱虫灯诱杀雄蛾。（4）生长季节在各代幼虫3龄前喷洒1.8%阿维菌素乳油3000倍液或1%甲氨基阿维菌素苯甲酸盐乳油4000倍液或30%茚虫威水分散粒剂1500倍液。

樱桃园杏叶斑蛾

学名 *Illiberis psychina* Oberthur，属鳞翅目、斑蛾科。别名：杏毛虫、杏星毛虫。分布在辽宁、河北、山东、山西、河南、陕西、湖北、江西等地。

为害特点 初孵幼虫为害樱桃、李、梅、杏、柿、桃等寄主的芽、花、嫩叶，使叶片产生许多斑点或食叶成缺刻或孔洞，有的仅残留叶柄。

樱桃园杏叶斑蛾幼虫
放大（夏声广）

形态特征 成虫：体长7～10mm，全体黑色，有蓝色光泽，翅半透明，翅脉黑。卵：初产时浅黄色，后变成黑褐色，椭圆形。末龄幼虫：体长15mm，头特小，褐色，背面暗紫色，胴部每节具6个毛丛，毛丛上具白色细短毛多根，腹面紫红色。

生活习性 年生1代，以初龄幼虫在老树皮裂缝中做小白茧越冬。樱桃发芽后幼虫蛀害花、芽及叶，主要在夜间为害，进入5月中、下旬幼虫老熟，爬至树干下结茧化蛹，蛹期15～20天，6月上、中旬羽化，交配产卵，孵出幼虫稍加取食后，又爬至树缝中结茧越冬。

防治方法 （1）冬季、春季刮除主干及粗枝上的翘皮或裂皮，集中烧毁。生长季节摘除有虫苞叶。（2）抓住越冬幼虫出蛰后为害芽期及1代幼虫发生始盛期喷洒5% S-氰戊菊酯乳油2500倍液或20%氰戊菊酯乳油2000倍液、20%氰戊·辛硫磷乳油1500倍液。

李叶斑蛾

学名 *Elcysma westwoodi* Vollenhoven，属鳞翅目、斑蛾科。

寄主 樱桃、李、梅、苹果。

李叶斑蛾成虫

为害特点 幼虫食叶片成缺刻，也常为害果实。

形态特征 成虫：体黄白色，半透明。头部黑色，阳光照射呈蓝色，翅浅黄色、半透明，翅脉黄绿色，两侧有黑色细鳞，前翅基部及翅顶黄色，外侧黑有光泽，后翅颜色同前翅，M3和R5脉间伸出1条细长带。

生活习性 1年发生1代，以幼虫潜藏在老树皮下越冬，5月上旬开始为害，老熟后卷叶吐丝织成白茧，成虫于7月下旬羽化，飞翔缓慢。

防治方法 参见樱桃园杏叶斑蛾。

樱桃园梨网蝽

学名 *Stephanitis nashi* Esaki et Takeya，属同翅目、网蝽科。

生活习性 近年随樱桃种植面积扩大，梨网蝽为害逐年加重，该虫在山东枣庄市年发生4代，以成虫在枯枝落叶、翘皮缝、杂草及土石缝中越冬，翌年4月上旬开始活动，6月初第1代成虫出现，7月中旬～8月上旬进入为害盛期，世代重叠，10月中旬后陆续越冬，该虫除为害梨、苹果外，还为害桃、海棠、樱桃等，现正严重为害樱桃。每年清明前后出蛰的越冬成虫，把卵产在樱桃叶背组织中，孵化后集中在叶背叶脉两侧为害，4月上旬气温15℃以上樱桃正处在坐果期，7～8月樱桃生长旺盛阶段进入为害高峰期。

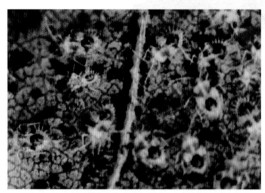

樱桃园梨网蝽若虫

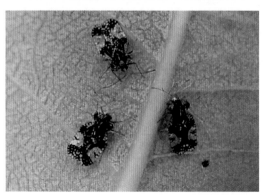

梨网蝽成虫放大

防治方法 （1）冬季结合果园修剪剪除枯枝，扫除落叶烂果以破坏越冬场所，春季越冬成虫出蛰前结合刮树皮，树干涂抹30倍硫悬浮剂消灭越冬成虫。（2）9月份在树干上绑干草诱集越冬成虫，冬季解下绑缚的草把并集中烧毁，在诱杀时应注意保护天敌。（3）越冬成虫出蛰后及第1代若虫孵化盛期及时喷洒1.8%阿维菌素乳油4000倍液或5%啶虫脒乳油2500倍液或10%吡虫啉可湿性粉剂3000倍液。（4）由于樱桃树体高喷药困难，可采用全封闭式的地下埋药防治法。即用一容量为500ml左右广口玻璃容器，在盖上打2个孔，然后挖开地面露出树根，将根从1孔插入容器内，另1孔插入1直管，露出地面约50cm，然后覆土埋严，将上述药剂配成药液，从直管灌入即可。药液不要超过容器容量，以免溢出造成污染。此装置可长期持续利用，也可药、肥兼施，能够明显提高药物利用率。

樱桃园黄刺蛾

学名 *Cnidocampa flavescens*（Walker），属鳞翅目、刺蛾科。分布在全国各地。

寄主 除为害柑橘、苹果、梨、桃外，还为害樱桃。

为害特点 以低龄幼虫群聚食害叶肉，把叶片食成网状，虫体长大后，把叶片吃成缺刻，仅残留叶柄和主脉。

生活习性 该虫在北方果区年生1代，浙江、河南、江苏、四川年生2代，以老熟幼虫在树枝上结茧越冬。1代区成虫于6月中旬出现，2代区5月下旬～6月上旬羽化，第1代幼虫6月中旬发生，第2代幼虫为害盛期在8月上中旬～9月中旬。成虫有趋光性，把卵产在叶背。第2代老熟幼虫于10月上旬在主干或枝杈处结茧越冬。

黄刺蛾成虫和虫茧

黄刺蛾幼虫

　　防治方法（1）冬季修剪彻底清除黄刺蛾越冬茧。（2）安装频振式杀虫灯诱杀成虫。（3）在低龄幼虫期喷洒5%氟铃脲乳油1500倍液或2.5%溴氰菊酯乳油2000倍液或20%除虫脲悬浮剂1800倍液、5%S-氰戊菊酯乳油2200倍液、5%氯虫苯甲酰胺悬浮剂1000倍液或24%氰氟虫腙悬浮剂1000倍液。（4）利用上海青蜂防治黄刺蛾效果显著。

樱桃园扁刺蛾

　　学名　*Thosea sinensis*（Walker），属鳞翅目、刺蛾科。分布在河北、山东、辽宁、吉林、黑龙江、江西、江苏、安徽、浙江、福建、台湾、广东、广西、湖北、湖南、四川、贵州、云南。

寄主 除为害苹果、梨、柑橘、枇杷、杏、桃、李、柿、核桃、石榴、栗、椰子等外，还为害樱桃。

为害特点 以低龄幼虫群集食害叶肉成网状，长大后把叶片吃成缺刻，仅留叶柄和主脉。

生活习性 该虫在北方年生1代，浙江2代，江西2～3代，均以老熟幼虫在树干周围3～6cm深的土中结茧越冬。北方果区越冬幼虫于翌年5月中旬化蛹，6月下旬羽化，6月中下旬～7月中旬进入成虫盛发期。浙江、江西4月下旬化蛹，5月下旬开始羽化，5月下旬～7月中下旬进入幼虫为害期。第2代幼虫于7月下旬～翌年4月出现。

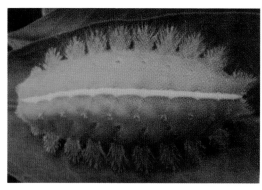

扁刺蛾幼虫

扁刺蛾成虫

防治方法 （1）在幼虫下树结茧之前疏松树干四周土壤，可引诱下树幼虫集中结茧，集中杀灭。（2）卵孵化盛期和低龄幼虫期喷洒24%氰氟虫腙悬浮剂或5%氯虫苯甲酰胺悬浮剂1200倍液、20%除虫脲悬浮剂2000倍液。（3）保护利用其天敌上海青蜂、刺蛾广肩小蜂。

樱桃园褐边绿刺蛾

学名 *Latoia consocia*（Walker），属鳞翅目、刺蛾科。别名：青刺蛾、绿刺蛾、棕边绿刺蛾、四点刺蛾、曲纹绿刺蛾等。

寄主 除为害枣、核桃、栗、石榴、枇杷、柿、梨、桃、李、山楂、柑橘外，还为害樱桃，其特点同黄刺蛾。

生活习性 该虫在东北、华北一带年生1代，河南、长江中下游年生2代，以末龄幼虫在枝条上结茧越冬，1代区越冬幼虫在5月中、下旬开始化蛹，6月中旬羽化成虫，6月下旬幼虫开始孵化，8月份受害重。2代区成虫发生在5月下旬～6月中旬，第1代幼虫发生期多在6月中旬～7月中下旬，第2代幼虫发生期在8月下旬～10月上旬。

防治方法 同黄刺蛾。

樱桃园褐边绿刺蛾成虫和幼虫

樱桃园丽绿刺蛾

学名 *Parasa lepida*（Cramer），属鳞翅目、刺蛾科。别名：绿刺蛾、褐边绿刺蛾、曲纹绿刺蛾等。幼虫俗称洋辣子。分布在东北、华东、华北、中南及四川、陕西、云南等地。

寄主 除为害石榴、桃、李、杏、梅、枣、山楂、核桃、柿、栗外，还为害樱桃。

为害特点 以幼虫孵化后先群集为害嫩叶呈网状。成长幼虫取食叶肉，仅留叶脉。

丽绿刺蛾成虫和幼虫

形态特征 成虫：体长16mm，翅展38～40mm，触角褐色，雄蛾栉齿状，雌蛾丝状。头顶、胸背绿色，胸背中央生1棕色纵线，腹部灰黄色。前翅绿色，基部生暗褐色大斑，外缘灰黄色，并散有暗褐色小点，内侧生暗褐色波状纹和短横线纹；后翅灰黄色，前、后翅缘毛浅棕色。卵：长1.5mm，扁平椭圆形。末龄幼虫：体长25～28mm，头小，体短且粗，蛞蝓形，粉绿色，背面色略浅，背中央生3条暗绿色至蓝色带，从中胸至第8节各生4个瘤状凸起，瘤突上生有刺毛丛，腹部末端有4丛球状蓝黑色刺毛，前瘤红色。体侧生1列带刺的瘿。蛹：长13mm，椭圆形。茧长15mm。

生活习性 黄淮地区、长江中下游年生2代，以老熟幼虫在树冠下草丛浅土层内或树皮裂缝处结茧越冬。翌年幼虫于4月下旬～5月上旬化蛹。第1代成虫于5月下旬～6月上旬出现，第1代幼虫发生在6～7月间；第2代成虫8月中、下旬出现，幼虫发生在8月下旬～9月间，10月上旬入土结茧越冬。成虫趋光性强。喜在夜间交尾，把卵产在叶背，数十粒块产。初孵幼虫群聚为害，有时8～9头在1片叶上为害，2～3龄后开始分散。

防治方法 （1）清除越冬茧，或在树盘下挖捡虫茧。（2）摘除有虫叶并集中烧毁。（3）药剂防治参见黄刺蛾。

樱桃园苹掌舟蛾

学名 *Phalera flavescens*（Bremer et Grey），属鳞翅目、舟蛾科。

为害特点 在樱桃园苹掌舟蛾初孵幼虫为害叶片上表皮和叶肉，残留下表皮和叶脉，致受害叶成网状，2龄幼虫开始为害叶片，残留叶脉，3龄后可把叶片吃光，仅剩叶柄，严重影响树势。除为害樱桃外，还可为害梅、李、杏、桃、梨、苹果、山楂等。

生活习性 该虫在我国樱桃产区年生1代，以蛹在表土层越冬，东北、西北成虫于6月上旬开始羽化，7月下旬～8月中旬进入羽化高峰，南方成虫羽化延续到9月。成虫喜傍晚活动，把卵产在叶背，卵期7天，1～2龄群集，头向外排列在1叶或几个叶片上，3龄后分散为害。大发生时常成群结队迁移为害，十分猖獗。成虫趋光性强，幼虫受惊有吐丝和假死性。9月下旬～10月上旬老熟幼虫沿树干向下爬或吐丝下垂，入土化蛹后越冬。

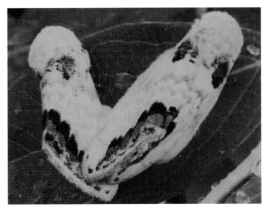

樱桃园苹掌舟蛾成虫

樱桃园苹掌舟蛾幼虫

防治方法（1）秋末冬初及时深翻，把越冬蛹冻死、晒死。（2）1～2龄幼虫发生期人工剪除有虫枝叶，集中烧毁。（3）幼虫3龄前喷洒25%灭幼脲3号悬浮剂2000倍液或每克含100亿以上活孢子的青虫菌粉剂900倍液。

樱桃园梨潜皮细蛾

学名 *Acrocercops astaurota* Meyrick，属鳞翅目、细蛾科。别名：梨皮潜蛾、串皮虫等。

樱桃园梨潜皮细蛾
成虫

为害特点 梨潜皮细蛾主要为害新梢，幼虫在表皮下窜蛀形成弯曲虫道，后虫道并到一起造成表皮开裂干枯翘起，有的为害果皮，造成果皮开裂。

生活习性 该虫在辽宁、河北年生1代，山东、陕西2代。1代区低龄幼虫在受害枝的虫道里越冬，翌年5月上旬开始为害，在枝的表皮下窜蛀。陕西关中3月下旬开始活动，5月中旬老熟后在枝干皮层下结茧化蛹，5月下旬～6月上旬进入化蛹盛期，6月上旬越冬代成虫羽化，6月下旬第1代卵孵化，幼虫蛀入为害，7月中、下旬幼虫老熟化蛹。第2代幼虫于8月下旬侵入为害，11月上旬越冬。

防治方法 重点抓好越冬代成虫发生盛期喷药，防止第1代幼虫蛀枝为害，可喷24%氰氟虫腙悬浮剂或5%氯虫苯甲酰胺悬浮剂1000倍液或25%吡·灭幼或25%阿维·灭幼悬浮剂2000倍液。

樱桃园二斑叶螨

学名 *Tetranychus urticae* Koch，又称白蜘蛛，在辽宁、山东、河南均有发生。

櫻桃园二斑叶螨雌成
螨

寄主 除为害苹果、梨、桃、杏外，还为害樱桃、草莓等。

为害特点 为害初期多聚在叶背主脉两侧，造成叶片失绿变褐，密度大时结1薄层白色丝网，提早落叶。

生活习性 该螨每年发生10多代，以受精的越冬型雌成螨在地面土缝中越冬，陕西越冬雌成螨3月上旬出蛰，4月上旬上树为害。9月出现越冬型雌成螨。

防治方法 （1）严格检疫。（2）樱桃园间作作物间发现二斑叶螨时，地面喷洒1.8%阿维菌素乳油4000倍液。（3）上树后喷洒43%联苯肼酯（爱卡螨）悬浮剂3000倍液或24%螺螨酯悬浮剂3000倍液。

樱桃园山楂叶螨

学名 *Tetranychus veinnensis* Zacher。

寄主 除为害苹果、梨、桃、杏、李、山楂外，也为害樱桃。

生活习性 年生5～10代，以受精雌螨群集在树干、枝杈、皮缝和土壤中越冬，翌年樱桃发芽时，上树为害芽和展开的叶，花蕾受害不能开花。

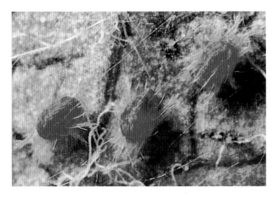

山楂叶螨越冬型雌成
螨放大

防治方法 春季出蛰盛期和1代盛发期，喷洒24%螺螨
酯悬浮剂3000倍液或43%联苯肼酯悬浮剂3000倍液或1.2%阿
维·高氯高渗乳油1800倍液。

樱桃园肾毒蛾

学名 *Cifuna locuples* Walker，又称肾纹毒蛾。

寄主 除为害苹果、茶树、草莓、柿外，还为害樱桃。

樱桃园肾毒蛾幼虫

为害特点 以幼虫食叶成缺刻或孔洞。

生活习性 该虫在江淮、黄淮、长江流域年生3代，浙江

5代，贵州2代，均以3龄幼虫在树冠中下部叶背面或枯枝落叶下越冬。翌年4月开始为害，贵州第1代成虫于5月中旬～6月下旬发生，第2代于8月上旬～9月中旬发生。南方重于北方。

防治方法 （1）各代幼虫分散之前，及时摘除群集为害的低龄幼虫。（2）受害重的地区在3龄前喷洒10%苏云金杆菌可湿性粉剂800～900倍液。

樱桃园丽毒蛾

学名 *Calliteara pudibunda*（Linnaeus）。

寄主 除为害草莓外，还为害樱桃、苹果、梨等果树。

为害特点 以幼虫食叶成缺刻或孔洞。

生活习性 该虫在北京、山东、陕西、河南年生2代，以蛹越冬。翌年4～6月和7～8月出现各代成虫，5～7月和7～9月进入各代幼虫为害期，一直为害到9月下旬才结茧越冬。生产上第2代为害重。

樱桃园丽毒蛾成虫

防治方法 发生数量大时喷洒10%苏云金杆菌可湿性粉剂800倍液，或40%辛硫磷乳油1000倍液、30%茚虫威水分散粒剂1500倍液。

樱桃园绢粉蝶

学名 *Aporia crataegi* Linnaeus。

寄主 除为害山楂、苹果、梨、桃、李外，还为害樱桃。

为害特点 以幼虫食害樱桃芽、花、叶，低龄幼虫吐丝结网巢，在网巢中群居为害，幼虫长大后分散为害。

生活习性 该虫1年发生1代，以3龄幼虫群集在树梢虫巢里越冬，翌春越冬幼虫先为害芽、花，随之吐丝缀叶为害，幼虫老熟后在枝叶或杂草丛中化蛹，5月底～6月上旬羽化，交配后把卵产在叶上，每个卵块有数十粒，6月中旬孵化后为害至8月初，又以3龄幼虫越冬。

樱桃园绢粉蝶成虫栖息在叶片上

防治方法 （1）结合冬剪剪除虫巢，集中烧毁。（2）春季幼虫出蛰后，喷洒1.5%氰戊·苦参碱乳油800～1000倍液。

褐点粉灯蛾

学名 *Alphaea phasma*（Leech），属鳞翅目、灯蛾科，又名粉白灯蛾。分布在湖南、四川、贵州、云南等地。

寄主 除为害柿、梅、桃、梨、苹果外，还为害樱桃。

褐点粉灯蛾成虫和幼
虫放大

为害特点 以幼虫啃食樱桃等寄主叶片，常吐丝织半透明的网，可把叶片表皮、叶肉啃食殆尽，叶缘成缺刻，造成叶卷曲枯黄。

生活习性 该虫在云南年生1代，以蛹越冬，翌年5月上、中旬羽化，交尾产卵，6月上、中旬卵孵化，幼虫共7龄，为害甚烈。

防治方法（1）人工刮卵、摘卵，摘除低龄群栖幼虫。（2）虫口数量大的樱桃园喷洒80%或90%敌百虫可溶性粉剂1000倍液或25%阿维·灭幼悬浮剂2000倍液。

樱桃园黑星麦蛾

学名 *Telphusa chloroderces* Meyrick。

寄主 除为害桃、李、杏、苹果外，还为害樱桃。

为害特点 以幼虫群集卷叶为害。

生活习性 该虫1年发生3～4代，以蛹在杂草下越冬，4～5月成虫羽化，把卵产在新梢上叶柄处。山东等地幼虫发生在5～6月，第2代6～7月，第3代7～8月和9月。

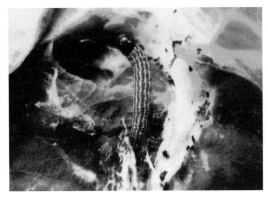

樱桃园黑星麦蛾幼虫
（李晓军）

防治方法 冬季彻底清除田间落叶、杂草，刮除翘皮，消灭越冬虫源。发生严重的于幼虫为害初期喷洒90%敌百虫可溶粉剂或20%氰·辛乳油1000～1500倍液、20%丁硫·马乳油1500倍液。

白带尖胸沫蝉

学名 *Aphrophora intermedia* vhler，又名吹泡虫，我国南北果区均有分布。

寄主 樱桃、苹果等果树。

为害特点 成虫、若虫在嫩梢、叶片上刺吸汁液，造成新梢生长不良。雌成虫把卵产在枝条组织中，造成枝条干枯。

形态特征 成虫体长8～9mm。前翅革质，静止时呈屋脊状放置，前翅上生一明显的灰白色横带。若虫后足胫节外侧生有两个棘状突起，由腹部排出大量白色泡沫遮盖虫体。

生活习性 1年发生1代，以卵在枝条上或枝条内越冬。翌年4月间越冬卵开始孵化，5月上、中旬进入孵化盛期，初孵若虫喜群集在新梢基部取食，虫体腹部不断地排出泡沫，把虫体覆盖，尾部翘起、露出泡沫外。7～8月成虫交配产卵，

白带尖胸沫蝉为害樱桃状

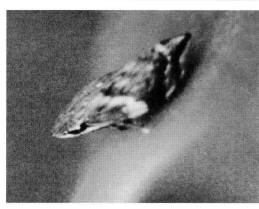

白带尖胸沫蝉成虫

雌成虫寿命长达30～90天，一生可产卵几十粒至上百粒。

防治方法（1）秋冬季剪除着卵枯枝。（2）若虫群聚时喷洒10%吡虫啉可湿性粉剂1500倍渡或1%阿维·吡乳油1200倍液、14%阿维·丁硫乳油1300倍液。

樱桃园梨金缘吉丁虫

学名 Lampra limbata Gebler，又叫梨吉丁虫，俗称串皮虫。
寄主 除为害梨、苹果、桃、李、杏、山楂外，还为害樱桃。

樱桃园梨金缘吉丁虫
成虫放大

樱桃园梨金缘吉丁虫
幼虫放大

为害特点 以幼虫在樱桃树干皮层纵横窜食，蛀害皮层、韧皮部和木质部，破坏输导组织，造成受害部变黑。

生活习性 该虫在河北、江苏、山东1年1代或2年1代，河南、山西2年1代，成虫一般在5月上旬～6月下旬发生，5月底～6月初进入盛期。

防治方法 7～8月在幼树枝梢变黑处用小刀挖出幼虫，涂5°Bé石硫合剂保护伤口。

樱桃园角蜡蚧

学名 *Ceroplastes ceriferus*（Anderson）。

角蜡蚧

寄主 除为害柑橘、柿、龙眼、荔枝外，还为害樱桃、石榴、油梨等。

为害特点 以成虫、若虫为害枝干，致叶片变黄，树干表面凸凹不平，树皮裂缝，造成树势衰弱，诱发煤污病。

生活习性 该虫1年发生1代，以受精雌虫在枝上越冬，翌春继续为害，6月产卵在体下，若虫期80～90天。

防治方法 （1）冬季或3月前剪除有虫枝并烧毁。（2）低龄若虫期喷洒1.8%阿维菌素乳油1000倍液或0.2%高渗甲维盐微乳剂2000～2500倍液。

樱桃园杏球坚蚧

学名 *Didesmococcus koreanus* Borchsenius，属同翅目、蜡蚧科。

寄主 除为害杏、桃、李、梅外，还为害樱桃、大樱桃。

为害特点 以若虫和成虫聚集在枝干上终生吸食汁液，严重时使枝条干枯。

形态特征 雌成虫：半球形，长3～3.5mm，宽2.7～3.2mm，高2.5mm，体侧近垂直，接近寄主的下缘加宽，初为棕黄色，有光泽及小点刻。雄成虫：小，1对翅，半透明。介壳扁长圆形，白色。1龄若虫：长0.5mm，长圆形，粉红色，触角和3对胸足发达，腹末生2个突起，各生白色尾毛1根。卵：长椭圆形，初产时白色，后渐变粉红色。

樱桃园杏球坚蚧为害枝条

生活习性 山西长治及全国1年发生1代，以2龄若虫固着在枝条上越冬。翌年3月中旬雄、雌分化，雌若虫3月下旬蜕皮形成球形。雄若虫4月上旬分泌介壳，蜕皮化蛹。5月上旬产卵，6月中旬形成白色蜡层，包在虫体四周。越冬前蜕皮1次，蜕皮包在2龄若虫体下，到10月份进入越冬期。

防治方法 （1）及时修剪，冬剪时剪掉有蚧虫枝条，夏剪时于7月上旬剪除过密枝，剪掉产卵叶片和卵孵枝条，集中烧毁。（2）4月底以前用硬尼龙毛刷或铁丝刷除越冬的雌蚧和雄蚧，集中烧毁。（3）保护树体，11月中旬可在幼树根颈处培土，大树刮皮涂白。萌芽前喷洒5°Bé石硫合剂。（4）利用黑缘红瓢虫的成虫和幼虫捕食杏球坚蚧，可在秋季人工招引瓢虫，尽量少喷广谱杀虫剂。有条件的提倡释放软蚧蚜小蜂和黄蚜小蜂，在4月份和7月份，每667 m²释放软蚧蚜小蜂和黄蚜小蜂3万头。（5）早春发芽前，树上喷5°Bé石硫合剂或含油量0.3%的黏土柴油乳剂。生长期5月下旬喷洒5%啶·高乳油1200倍液或5%啶虫脒可湿性粉剂1800倍液、0.2%高渗甲维盐微乳剂2000～2500倍液。

樱桃园桑白蚧

学名 *Pseudaulacsapis pentagona*（Targioni-Tozzetti），近年已成为樱桃、大樱桃生产上的重要害虫，为害越来越重，尤其是结果园，常年发生，常年为害，虫口数量多，防治较困难，常造成枯芽、枯枝、树势下降或出现死树，对大樱桃生产影响极大。

樱桃园桑白蚧介壳
（吴增军）

为害特点 该虫以群聚固定为害吸食樱桃树汁液，大发生时枝干到处可见发红的若蚧群落，虫口数量难以计数。介壳形成后枝干上介壳重叠密布，一片灰白，凹凸不平，造成受害树树势严重下降，枝芽发育不良或枯死。

生活习性 桑白蚧在山东烟台1年发生2代，以受精雌成虫在枝干上过冬，翌年4月初大樱桃芽萌动时开始为害，虫体不断增大，4月下旬开始产卵，5月中旬开始孵化，5月中旬～5月下旬进入孵化高峰，后若虫爬出分散为害，先固定在枝条上为害1～2天，5～7天后分泌出棉絮状白色蜡粉，覆盖体表形成介壳。第2代产卵期7月中、下旬，8月上旬又进入孵化盛期，8月下旬～9月陆续羽化为成虫，秋末成虫越冬。

防治方法 在搞好冬春清园基础上，改变春季干枯期防治为5月中、下旬防治1次，用药改用9%高氯氟氰·噻乳油1500倍液或5%啶·高乳油1200～1500倍液、5%啶虫脒乳油2500倍液，防效高，药后3天即可上市。防治最佳时期应掌握在卵孵化盛期，上述杀虫剂光解速度快，用药后应间隔3天以上再采收。

樱桃园星天牛和光肩星天牛

学名 星天牛 *Anoplophora chinensis*（Forster），光肩星天牛 *A.glabripennis*（Motschulsky）。

寄主 樱桃、李、梅、苹果、梨、杨、柳、榆、法桐等。

为害特点 以幼虫蛀害树枝、干，并向根部蛀害，多在木质部蛀害，受害严重的树干、枝条易折断或全株死亡。

形态特征 星天牛：体长19～39mm，宽6～13.5mm，全体黑色，略具光泽，鞘翅上有20多块白色斑，大小不一，呈5横列，但不规则，翅鞘肩部有颗粒状突起。前胸背板瘤3个。光肩星天牛：体长17～39mm，宽10mm，黑色有光泽，与星天牛相近，区别是翅鞘肩部光滑，没有颗粒状突起，鞘翅上白斑少，排列也不整齐，前胸背板中瘤不明显。

生活习性 星天牛南方发生多，每年1代，北方1～2年1代，成虫5月开始发生，6～7月多，发生期不整齐，寿命30天，6～8月把卵产在树干基部，成虫咬出伤口产卵其内，幼虫孵化后先在皮层蛀食，2～3个月后幼虫30mm长时深达木质部蛀害，一边向根部蛀，一边向外蛀通气排粪孔。光肩星天牛，浙江年生1代，河南2年1代，北京2～3年1代，以幼虫在虫道内越冬，成虫6～10月均可发生，7～8月进入盛发期，白天活动，成虫寿命20～60天，多产卵在大树主干上，每处产1粒，幼虫孵出后先蛀害皮层，后向上蛀木质部。

樱桃园星天牛成虫

樱桃园光肩星天牛成虫

防治方法　（1）人工捕杀成虫。（2）毒杀幼虫。找到卵槽涂以500倍辛硫磷。（3）熏杀老幼虫。找到排粪孔用铁丝钩出虫粪、木屑，塞入半片磷化铝，再用塑料布包住，也可用黄泥封口，把孔中幼虫熏死。（4）用5%吡·高氯微囊水悬浮剂加水稀释成1500～2000倍液喷雾到果树枝干上，当天牛成虫爬行时触破微胶囊就会中毒死亡。

3. 山楂病害

山楂白粉病

症状　山楂白粉病又称弯脖子或花脸。主要为害叶片、新梢及果实。叶片染病，初叶两面产生白色粉状斑，严重时白粉覆盖整个叶片，表面长出黑色小粒点，即病菌闭囊壳。新梢染病，初生粉红色病斑，后期病部布满白粉，新梢生长衰弱或节间缩短，其上叶片扭曲纵卷，严重的枯死。幼果染病，果面覆盖一层白色粉状物，病部硬化、龟裂，导致畸形；果实近成熟期受害，产生红褐色病斑，果面粗糙。

山楂白粉病病叶

病原　*Podosphaera oxyacanthae*（DC.）de Bary，称蔷薇科叉丝单囊壳，属真菌界子囊菌门；无性态*Oidium crataegi* Grogn，称山楂粉孢霉，属真菌界无性态子囊菌。闭囊壳暗褐色，球形，顶端具刚直的附属丝，基部暗褐色，上部色较淡，具分隔，闭囊壳直径74～102μm，附属丝6～16根，顶端具2～5次叉状分枝。闭囊壳内具1个子囊，短椭圆形或拟球形，无色，大小（47～63）μm×（32～60）μm，内含子囊孢子8个，子囊孢子椭圆形或肾脏形，大小（18～20）μm×（12～14）μm。无性态产生粗短不分枝的分生孢子梗及念珠状串生的分生孢子，分生孢子无色，单胞，大小（20.8～30）μm×（12.8～16）μm。有报道 *P.clandestina*（Wallr）Lev 也是该病病原。

传播途径和发病条件　以闭囊壳在病叶或病果上越冬，翌春释放子囊孢子，先侵染根蘖，并产生大量分生孢子，借气流传播进行再侵染。春季温暖干旱、夏季有雨凉爽的年份病害流行，偏施氮肥，栽植过密发病重。实生苗易感病。

防治方法　（1）加强栽培管理。控制好肥水，不偏施氮肥，不使园地土壤过分干旱，合理疏花、疏叶。（2）清除初侵染源。结合冬季清园，认真清除树上树下残叶、残果及落叶、落果，并集中烧毁或深埋。（3）药剂防治。发芽前喷45%石硫合剂结晶30倍液。落花后和幼果期喷洒45%石硫合剂结晶300倍液、50%甲基硫菌灵·硫黄悬浮剂800倍液、50%硫悬浮剂300倍液、20%三唑酮乳油1000倍液、12.5%腈菌唑乳油2500倍液、43%戊唑醇悬浮剂或430g/L悬浮剂4000～5000倍液、30%氟菌唑可湿性粉剂1500倍液，15～20天1次，连续防治2～3次。

山楂锈病

症状　主要为害叶片、叶柄、新梢、果实及果柄。叶片染病初生橘黄色小圆斑，直径1～2mm，后扩大至4～10mm；病斑稍凹陷，表面产生黑色小粒点，即病菌性孢子器；发病后1个月叶背病斑突起，产生灰色至灰褐色毛状物，即锈孢子器；破裂后散出褐色锈孢子。最后病斑变黑，严重的干枯脱落。叶柄染病，初病部膨大，呈橙黄色，生毛状物，后变黑干枯，叶片早落。

山楂锈病病叶和病果

病原 *Gymnosporangium haraeanum* Syd.f.sp.*crataegicola*，称梨胶锈菌山楂专化型；*G.clavariiforme*，称珊瑚形胶锈菌；均属真菌界担子菌门。*G.haraeanum* 性孢子器烧瓶状，初橘黄色后变黑色，大小（103～185）μm×（72～164）μm，性孢子无色，单胞，纺锤形或椭圆形，大小（4.5～10.0）μm×（2.5～5.5）μm。锈孢子器长圆筒形，灰黄色，大小（2.2～3.7）μm×（0.12～0.27）μm。锈孢子橙黄色，近球形，表面具刺状突起，大小（17.5～35）μm×（16～30）μm。冬孢子有厚壁和薄壁两种类型。厚壁孢子褐色至深褐色，纺锤形、倒卵形或椭圆形，大小（30～45）μm×（15～25）μm；薄壁孢子橙黄色至褐色，长椭圆形或长纺锤形，大小（42.5～75.0）μm×（15～22.5）μm。担孢子淡黄褐色，卵形至桃形，大小（11.3～24.5）μm×（7.5～14）μm。

G.clavariiforme（珊瑚形胶锈菌）性孢子器橘黄色，球形或扁球形，大小（69.8～107.5）μm×（116～155）μm；性孢

子无色，纺锤形，大小（5～11）μm×（2.5～6.5）μm。锈孢子褐色，近球形，具疣状突起，大小（22.3～28.2）μm×（20.7～26.3）μm。冬孢子褐色，双胞。厚壁冬孢子褐色，大小（37.5～67.5）μm×（15～20）μm；薄壁冬孢子无色至淡黄色，大小（62.5～97.5）μm×（12.5～20）μm。担孢子淡褐色，椭圆形或卵形，大小（14～18）μm×（7～13）μm。冬孢子萌发适温10～25℃。担孢子萌发适温15～25℃。

传播途径和发病条件　以多年生菌丝在桧柏针叶、小枝及主干上部组织中越冬。翌春遇充足的雨水，冬孢子角胶化产生担孢子，借风雨传播、侵染为害，潜育期6～13天。该病的发生与5月份降雨早晚及降雨量呈正相关。展叶20天以内的幼叶易感病；展叶25天以上的叶片一般不再受侵染。目前国内绝大多数栽培品种均感病，仅山东的平邑红子和河南的7803、7903较抗病。

防治方法　（1）砍除转主寄主。山楂园附近2.5～5km范围内不宜栽植桧柏类针叶树，若有应及早砍除。（2）清除冬孢子。不宜砍除桧柏时，山楂发芽前后，可喷洒5°Bé石硫合剂或45%石硫合剂结晶30倍液，以除灭转主寄主上的冬孢子。（3）药剂防治。冬孢子角胶化前及胶化后（5月下旬～6月下旬）喷2～3次50%硫悬浮剂400倍液或25%戊唑醇水乳剂或乳油或可湿性粉剂2000～3000倍液、25%丙环唑乳油2000倍液、15%三唑酮可湿性粉剂2000倍液+25%丙环唑乳油4000倍液、15%三唑酮可湿性粉剂2000倍液+70%代森锰锌可湿性粉剂1000倍液、45%三唑酮·多菌灵可湿性粉剂1000倍液，对上述杀菌剂产生抗药性的地区，改用12.5%腈菌唑乳油2500倍液，隔15天左右1次，防治1～2次。

山楂疮痂病

症状 山楂新病害。主要危害苗木，9月间病叶率达50%以上。病苗染病在叶脉间密生许多小型褐色斑点，直径0.5～1mm，边缘不明显，后期病斑叶两面生1～3个突起状小黑点，即病原菌的分生孢子盘。托叶上也生小病斑。

山楂疮痂病发病初期

病原 *Sphaceloma* sp.，称一种痂圆孢，属真菌界无性态子囊菌。分生孢子盘圆形，直径158～195μm，高48～52μm，位于角质层上，盘下部有栅状排列的分生孢子梗，盘腔内充满小型分生孢子，杆状，单胞无色，大小（4.3～5.7）μm×（1.3～1.5）μm。偶尔见到数个大型分生孢子，椭圆形，单胞无色，（6～9）μm×（2.5～3）μm。

传播途径和发病条件 病原菌以菌丝体在病苗木或病树组织中越冬，春季气温升至20℃或湿度大即产生分生孢子，借风雨或昆虫传播，直接穿透表皮侵入为害，发病后病部又产生分生孢子进行重复侵染，抽出秋梢时雨日多还会流行。

防治方法 （1）有病苗圃，结合修剪及时剪除病枝，集中烧毁，以减少菌源。（2）用1∶1∶100倍式波尔多液或30%戊唑·多菌灵悬浮剂1000倍液喷洒有效。

山楂枯梢病

症状 山楂枯梢病又称枝枯病。主要为害果桩，即果柄坐落处。染病初期，果桩由上而下变黑，干枯，缢缩，与健部形成明显界限，后期病部表皮下出现黑色粒状突起物，即病原菌分生孢子器和分生孢子座；后突破表皮外露，使表皮纵向开裂。翌春病斑向下延伸，当环绕基部时，新梢即枯死。其上叶片初期萎蔫，后干枯死亡，并残留树上不易脱落。

山楂枯梢病

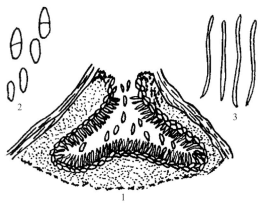

山楂枯梢病病菌
1—分生孢子器；
2—梭形分生孢子；
3—线形分生孢子

病原 *Fusicoccum viticolum*，称葡萄生壳梭孢菌，属真菌界无性态子囊菌。有性态*Cryptosporella viticola*，称葡萄生

小隐孢壳，属真菌界子囊菌门。分生孢子器矮烧瓶状，单生于子座内。无性孢子有两种类型。自然条件下产生无色、单胞、梭形分生孢子，大小9.99μm×3.41μm；人工培养产生无色、单胞、线状分生孢子，大小（14.94～23.24）μm×（0.83～1.16）μm。

传播途径和发病条件 病菌主要以菌丝体和分生孢子器在二、三年生果桩上越冬，翌年6～7月份，遇雨释放分生孢子，侵染为害，多从二年生果桩入侵，形成病斑。越冬前果桩带菌最多。该病的发生与树势、树龄及管理水平有关。老龄树、弱树、修剪不当及管理不善发病重。同一树冠内膛病梢率高于外膛。此外，病害发生与否与当年生果桩基部的直径密切相关，直径0.3cm以下，发病重；直径0.3～0.4cm，发病较轻；直径0.4cm以上，基本不发病。

防治方法 （1）加强栽培管理。合理修剪；采收后及时深翻土地，同时沟施基肥，每株100～200kg。早春发芽前半个月，每株追施碳酸氢铵1～1.5kg或尿素0.25kg，施后浇水。（2）铲除越冬菌源。发芽前喷45%石硫合剂结晶30倍液。（3）5～6月间，进入雨季后喷36%甲基硫菌灵悬浮剂600～700倍液或50%多菌灵可湿性粉剂800倍液、50%福·异菌可湿性粉剂800倍液，隔15天1次，连续防治2～3次。

山楂花腐病（褐腐病）

症状 是山楂上最重要的病害。春季为害山楂幼叶、花器及嫩梢，引起叶腐、花腐及幼果腐烂。叶芽萌动后展叶4～5天出现症状，幼叶初现褐色短线条状或点状斑，6～7天可扩展至病叶1/3～1/2，病斑红褐至棕褐色，病叶枯萎。花染病，病菌从柱头侵入，致花变褐腐烂或引发果腐。新梢染病，

山楂花腐病病花典型
症状（张玉聚）

山楂花腐病病果
（刘开启等原图）

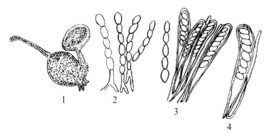

山楂花腐病病菌
1—子囊盘；
2—分生孢子；
3—子囊及侧丝；
4—子囊及子囊孢子

病斑由褐色变成红褐色，环枝条1周后，造成病枝枯死。幼果多在落花10天后出现症状，2～3天即可使幼果变暗褐色腐烂，病果僵化，形成菌核。

病原 *Monilinia johnsonii*，称山楂链核盘菌，属真菌界子囊菌门。无性态为 *Monilia crataegi*，称山楂褐腐串珠霉，属真菌界无性态子囊菌。子囊盘盘状，直径3～12mm。子囊棍棒状，排列成一层，无色，大小（84～150）μm×（7～12）μm。子囊孢子单胞无色，卵圆形，单列，大小（7～16）μm×（5～7）μm。具侧丝。无性态的分生孢子柠檬形，单胞无色，串生，大小（12～21）μm×（12～17）μm，分生孢子间有梭形的连接体。

传播途径和发病条件 病原菌以落地僵果上的假菌核越冬，春季山楂发芽展叶时土壤含水量高，地表湿度大，气温高于5℃，可产生大量子囊盘，尤以沟边落叶杂草多或土块碎石缝中越冬病果多时，子囊孢子借风雨传到幼叶和枝梢上，引起叶腐和梢腐。病部产生大量分生孢子进行再侵染，并从花器柱头侵入，引发花腐和果腐。潜育期13～17天。春季气温低阴雨连绵是该病大发生的重要因子。展叶后雨水多，叶腐重。开花期湿度大则花腐或果腐发生多。

防治方法 （1）秋末冬初组织人力捡拾僵果，集中深埋或烧毁。山楂萌芽展叶前深翻山楂园，把病果及病残体埋在15cm之下，可防止子囊盘萌生。（2）在子囊盘产生前用五氯酚钠1000倍液或667 m²用石灰粉25～50kg撒在地表，控制子囊盘的产生。（3）山地种山楂可用硫黄粉3份与石灰粉7份混合，667 m²用3kg，撒在地面经济有效。（4）防治叶腐、梢腐，在未展叶时喷第1次药，叶片展开时喷第2次药。防治花腐、果腐应在开花盛期喷洒。可选用70%甲基硫菌灵或75%二氰蒽醌或50%异菌脲1000倍液。

山楂腐烂病

分为溃疡型和枝枯型，溃疡型多发生在主干上、主枝及丫杈处，初发病时产生红褐色病变，水渍状，略隆起，形状不规则，后病部皮层逐渐腐烂，颜色加深，病皮易剥落。枝枯型多发生在衰弱树的枝上、果台、干桩及剪口处，病斑形状不规则，扩展较快，绕枝1周后，病部以上枝条枯死。

山楂腐烂病枝干出现溃疡（张玉聚）

山楂腐烂病枝干上产生的子实体（王金友等原图）

Valsa sp.，称一种黑腐皮壳，属真菌界子囊菌门。子座黑色、圆锥形至椭圆形，直径1～2mm，埋生，顶端突破表皮，子座与寄主组织分界线不明显。一个子座埋生4～20个子囊壳。子囊壳烧瓶状，壳壁厚，颈长，黑褐色，向上倾

斜状聚集，具膨大的黑色孔口通到子座外；子囊壳直径160～416μm，内生很多子囊。子囊长圆柱形或近梭形，无色，略弯，大小（48～72）μm×（10～12）μm，多数内生2～4个子囊孢子。子囊孢子香蕉形，无色透明，单胞略弯，两端圆，大小（16～24）μm×（4～5.5）μm。无性态为*Cytospora oxyacanthae*，称山楂壳囊孢，属真菌界无性态子囊菌。除为害山楂外，用此菌接种苹果、梨、杏、杨树后，发病率分别为80%、100%、90%、50%。

传播途径和发病条件 参见樱桃、大樱桃腐烂病。

防治方法 春季刮除枝干上的腐烂病斑，然后涂抹3.315%甲硫·萘乙原药或2.12%腐殖·铜预防和治疗腐烂病的发生，有较好效果。

山楂丛枝病

症状 染病山楂树早春发芽迟，较正常植株晚1周左右，无明显节间枝条，致小叶簇生或黄化，病枝由上向下逐渐枯死或花器萎缩退化，花芽抽不出正常果枝或花小畸形，花多由白色变成粉红色至紫红色，不结果。病株根部萌生蘖条易带病，移栽后显症，1～2年内枯死。

病原 *Japanese hawthorn witches* Phytoplasma，称山楂植物菌原体，属细菌域普罗特斯细菌门。经电镜观察在嫩梢、叶柄、花梗的韧皮部筛管细胞中均发现球形及椭圆形植物菌原体，多分布在筛管细胞壁附近或细胞内；菌体大小：球形的平均433nm，最大706nm；椭圆形的平均480nm×609nm，最大529nm×647nm，菌体内可见细小核酸类物质。

山楂丛枝病

传播途径和发病条件 可能与媒介昆虫有关，其自然扩散似乎存在初次侵染源，其分布特点常在发病严重地块有几棵山楂同时感病。

防治方法 生产上可用500～1000mg/kg盐酸土霉素溶液，喷洒3次有效。

山楂青霉病

症状 主要为害贮藏期的果实，引起果实腐烂，常在果面上产生浓绿的霉层，即病原菌的分生孢子梗和分生孢子。河北、河南、山东均有发生。

病原 *Penicillium frequentans*，称常现青霉，属真菌界无性态子囊菌。分生孢子梗产生单轮帚状枝，小梗大小（9～10）μm×（3～3.5）μm。分生孢子近球形，直径2.5～3.5μm，壁光滑或粗糙。

山楂青霉病病果（刘
开启原图）

传播途径和发病条件、防治方法 参见苹果青霉病。

山楂生叶点霉叶斑病

症状 病斑生在叶上，圆形，初为褐色，后变成灰白色，边缘暗褐色，直径2～4mm，后期病斑上生出黑色小粒点，即病原菌的分生孢子器。一叶上有数个病斑，严重时可达数十个，多斑融合后形成大斑，致叶片变黄早期脱落。

病原 *Phyllosticta crataegicola*，称山楂生叶点霉，属真菌界无性态子囊菌或无性孢子类。分生孢子器散生在叶面，初埋生，后突破表皮露出小黑点（分生孢子器孔口），器球形至扁球形，直径50～110μm，高45～100μm；器壁厚5～10μm，形成瓶形产孢细胞，单胞无色，（4～7）μm×（2～3）μm；分生孢子卵圆形，两端圆，单胞无色，内含1油球，（4～5）μm×（2.5～3）μm。

传播途径和发病条件 该菌以分生孢子器在病叶中越冬，翌年山楂开花期产生分生孢子，借风雨传播进行初侵染和多次再侵染，6月上旬开始发病，8月中旬进入发病盛期，雨日多、雨量大、降雨早的年份易发病，生产上山楂园地势低洼、土壤黏重、7～8月排水不良发病重。

山楂生叶点霉叶斑病

山楂生叶点霉叶斑病

山楂生叶点霉叶斑病

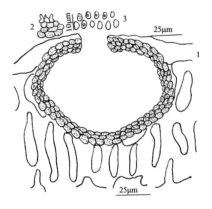

山楂生叶点霉叶斑病
病菌
1—分生孢子器；
2—产孢细胞；
3—分生孢子

防治方法 （1）秋末山楂树落叶后及时清除，并集中烧毁以减少越冬菌源。（2）加强山楂园管理，及时追肥提高抗病力，雨后及时排水，防止湿气滞留。（3）从6月上旬开始喷洒50%甲基硫菌灵悬浮剂预防，隔10～15天1次，进入发病初期喷洒50%异菌脲悬浮剂1000倍液，隔10天1次，连续防治2次。

山楂壳针孢褐斑病（枝枯病）

症状 主要为害叶片和枝条。枝条染病产生不规则形或长形、灰褐色病变，后期枝条枯干，上生小黑点，即病原菌分生孢子器。叶片染病，产生圆形至近圆形红褐色病斑，后中央成灰白色，边缘黑褐色，直径2～6mm，上生小黑点。

病原 *Septoria crataegi*，称山楂壳针孢，属真菌界无性态子囊菌。分生孢子器生在枝条或叶面上，散生或聚生，初埋生，后突破表皮外露出孔口，器球形，直径90～120μm，高70～110μm；器壁厚8～10μm，形成梨形产孢细胞，单胞无色，（4～7）μm×（3～4）μm；分生孢子针形或线形，基部钝圆或略尖，顶端尖，4～8个隔膜，多为7个隔膜，（50～80）μm×（2～2.5）μm。

山楂壳针孢褐斑病
（枝枯病）

传播途径和发病条件 病菌以菌丝和分生孢子器在病部或随病落叶进入土壤中越冬，翌春雨后，分生孢子器吸水从分生孢子器中涌出大量分生孢子，借风雨传播，进行初侵染和多次再侵染。

防治方法 （1）结合修剪及时剪除有病枝条并尽快清园，把山楂园内的病叶、杂草集中在一起烧毁或深埋。（2）加强肥水管理，及时追肥浇水增强树势，提高抗病力。（3）发病初期喷洒30%戊唑·多菌灵悬浮剂1000倍液。

山楂壳二孢褐斑病

症状 病斑生在叶上，近圆形，褐色至红褐色，边缘深褐色，直径2～5mm，无明显轮纹，后期病斑上生出小黑点，即病原菌分生孢子器。

病原 *Ascochyta crataegi* Fuckel，称山楂壳二孢，属真菌界无性态子囊菌。分生孢子器散生在叶面上，球形至扁球形，直径100～140μm，高80～125μm，器壁厚9～11μm，形成瓶形产孢细胞，单胞无色；分生孢子圆柱形，两端钝圆，无色，中间生1隔膜，分隔处无缢缩，（5.5～7.5）μm×（2.5～3）μm，每1细胞内具1油球。

山楂壳二孢褐斑病

传播途径和发病条件　病原菌以菌丝或分生孢子器随病落叶在地面上越冬。翌年，产生分生孢子借风雨传播扩大为害，湿度大或雨日多逐渐扩展蔓延。

防治方法　发病初期喷洒78%波尔·锰锌可湿性粉剂500倍液或50%锰锌·多菌灵可湿性粉剂600倍液。

山楂链格孢叶斑病

症状　主要为害叶片和果实，叶片染病，叶缘产生形状不规则的病斑。果实染病初生小黑点，后扩展成形状不规则的褐斑。

病原　有两种：*Alternaria alternata*（称链格孢）和*A.tenuissima*（称细极链格孢），均属真菌界无性态子囊菌。前者形态特征参见桃黑斑病。细极链格孢，分生孢子梗单生或数根簇生，分隔，浅褐色，（26.5～65）μm×（4～5.5）μm。在病斑上分生孢子单生或短链生，倒棍棒状，成熟孢子具横隔膜4～7个，纵、斜隔膜1～6个，分隔处略缢缩，孢身（29～45）μm×（12.5～15.5）μm，喙及假喙柱状，浅褐色，分隔，部分假喙产孢部略膨大，（5～34.5）μm×（3～4.5）μm。

山楂链格孢叶斑病

山楂链格孢叶斑病
病果

传播途径和发病条件 两种病原菌在病部或病残体上越冬，翌春借风雨传播，进行初侵染和多次再侵染，雨日多、气温高时潜育期短很易扩展。

防治方法 （1）加强山楂园管理，9月份适时施用有机肥增强抗病力，雨后及时排水，防止湿气滞留；施足腐熟基肥或追肥增强抗病力。（2）发病初期喷洒50%异菌脲可湿性粉剂或500g/L悬浮剂1000倍液或40%百菌清悬浮剂600倍液，隔10天1次，防治2～3次。

山楂轮纹病

症状 主要为害枝干、果实。枝干发病产生圆形至近圆形病斑，表面粗糙，中央隆起，边缘开裂，上生黑色小粒点，病部树皮表层组织坏死。果实染病产生褐色圆形病斑，表面呈清晰的同心轮纹状，扩展后病果腐烂。

山楂轮纹病枝干症状

山楂轮纹病病果

病原 *Physalospora piricola*，称梨生囊壳孢，属真菌界子囊菌门。无性型为*Macrophoma kawatsukai*，称轮纹大茎点菌，属真菌界无性态子囊菌。

传播途径和发病条件 病菌以菌丝、分生孢子器、子囊壳在病枝干上越冬。翌春气温升至15℃以上时，雨后散出分生孢子，从皮孔或伤口侵入，侵入长大果实也可引起发病，一般病果率5%左右。土壤缺肥、干旱、管理跟不上、树势衰弱的山楂园易发病，雨日多、果园湿度大发病重。

防治方法 （1）加强山楂园管理，增施肥料，改良土壤，适时灌溉，雨后及时排水，促树势健壮生长，增强抗病力。（2）发芽前喷1次复方多效灭腐灵100倍液。（3）生长季喷洒50%多菌灵悬浮剂600倍液或50%甲基硫菌灵可湿性粉剂800倍液，隔10～15天1次。（4）清除枝干上的病斑后，涂5%菌毒清水剂50～100倍液或80%乙蒜素乳油50倍液消毒伤口。（5）果实发病重的地区或果园喷洒40%腈菌唑可湿性粉剂或悬浮剂或水分散粒剂6000倍液。

山楂干腐病

症状 主要为害主干及骨干枝的一侧，幼树多从树干的向阳面产生病斑，从树干基部扩展到上部主干或骨干枝上；结果树主要在主干中上部或主枝分杈处产生向上、向下扩展呈条状带，初期病斑紫红色，后变成褐色至暗褐色，病健交界处开裂，密生很多黑色小粒点，病树生长衰弱，发芽晚，结果少，叶色枯黄，无光泽，最后造成病枝或整株死亡。

病原 *Botryosphaeria berengeriana*，称贝伦格葡萄座腔菌，属真菌界子囊菌门。无性型为*Dothiorella ribis*，称茶藨子小穴壳，属真菌界无性态子囊菌。除为害山楂外，还为害苹果、葡萄等。

传播途径和发病条件 病菌以菌丝、分生孢子器和子囊壳在枝干病部越冬。干腐病菌是一种弱寄生菌，只能侵害长势极弱的植株或枝干。4月开始发病，6月为发病盛期，以后病斑停止扩展。土壤瘠薄、干旱缺肥、管理粗放的果园发病较多。发病园片病株率2%～5%，大枝染病后死亡的较多，整株染病后死亡的属个别。管理好、长势健壮的山楂树很少发病。

左：病部子实体；
右上：初期病斑；
右下：后期病斑

山楂干腐病病部的分
生孢子器

防治方法 （1）加强果园管理，改良土壤，增施肥料，适时灌水，山地果园应加强水土保持，促进树势健壮生长，增强抗病力能。（2）发病较多的园片，于发芽前喷1次复方多效灭腐灵100倍液或5%菌毒清水剂100倍液。（3）刮治病斑，刮净病部及其四周0.5cm的树皮，涂5%菌毒清水剂30～50倍液或涂抹腐殖酸铜原液。（4）发病初期喷洒30%戊唑·多菌灵悬浮剂1000～1200倍液或25%丙环·多悬浮剂500倍液。

山楂木腐病

症状 主要为害山楂树的枝干心材，造成木质白色疏松，质软且脆，木质腐朽，触之易碎，多从锯口、虫伤、裂缝等伤处长出层孔菌的子实体，造成树势衰弱，叶片发黄或早落，降低产量或不结果。

山楂木腐病

病原 *Fomes fulvus*，称暗黄层孔菌，属真菌界担子菌门。担子果蛤壳形或亚铺展形，木质，初红褐色，后变成灰黑色，菌肉红褐色，厚1cm，管每年伸长2～4mm，管孔圆形，灰褐色。孢子卵形，无色，大小（4～5）μm×（3～4）μm，刚毛顶端尖，基部厚。

传播途径和发病条件 以菌丝体在病树上越冬，条件适宜时形成担子产生担孢子，借风雨传播，从锯口、虫伤等伤口处侵入，老树、弱树及管理跟不上的山楂园发病重。

防治方法 （1）加强山楂园管理。枯死老树、濒死树要尽早挖除烧毁。对衰弱的树通过配方施肥恢复树势，可增强抗病力。（2）保护树体，千方百计减少伤口，对锯口可用1%硫酸铜或21%过氧乙酸消毒。（3）发现有子实体长出，要马上刮除后集中烧毁，清除腐朽木质，再用波尔多浆保护。

山楂白纹羽病

症状 山楂白纹羽病是河北、河南北部、山西太行山老山楂产区重要根病，是老弱树死亡的主要原因。染病后叶形变小、叶缘焦枯，小枝、大枝或全部枯死。根部缠绕白色至灰白色丝网状物，即病菌的根状菌索，地面根颈处产生灰白色薄绒状物，即菌膜。

山楂白纹羽病

病原、传播途径和发病条件、防治方法 参见樱桃、大樱桃白绢烂根病。

山楂圆斑根腐病

症状 圆斑根腐病是引起山楂树枯死的重要原因之一。须根先变褐枯死，后扩展到肉质根，围绕须根基部产生红褐色圆形病斑。严重时病斑融合，深达木质部，致整段根变黑死亡。

病原、传播途径和发病条件、防治方法 参见苹果圆斑根腐病。

4. 山楂害虫

山楂小食心虫

学名 *Grapholitha prunivorana* Ragonot，属鳞翅目、卷叶蛾科。分布：仅在我国辽宁发现，其他地区不详。

山楂小食心虫成虫放大（何振昌）

寄主 山楂。

为害特点 参见李小食心虫。

形态特征 成虫：体长6～7mm，翅展10～15mm，暗灰褐色至深褐色。复眼深褐色。前翅长方形，前缘具7～8组白斜短纹，每组由2条组成。近外缘有与外缘平行排列的7～8个棒状黑纹。翅面散生小白斑。卵：长0.56mm，宽0.4mm，椭圆形，中央凸起，初黄色，后变红色。末龄幼虫：体长6～7mm，浅黄白色，头部深棕黄色。蛹：长7mm，黄褐色。

生活习性 辽宁年生2代，以老熟幼虫蛀入干枯枝中或树皮缝、剪口、锯口裂缝中结茧越冬，4月中旬～5月中旬化蛹。成虫于5月中旬～6月初羽化，把卵产在萼洼处，卵期5～7

天，初孵幼虫从果面蛀入，6月下旬～7月上旬幼虫老熟脱果，爬至树干缝隙或枯枝中化蛹。8月初～9月上中旬进入2代卵期，9月下旬～10月中旬，2代幼虫老熟脱果越冬。

防治方法　参见桃小食心虫。

梨小食心虫

学名　*Grapholitha molesta* Busck，属鳞翅目、卷蛾科。别名：梨小蛀果蛾、梨姬食心虫、桃折梢虫、东方蛀果蛾，简称"梨小"。

梨小食心虫幼虫为害山楂果实

寄主、为害特点、形态特征、生活习性、防治方法　参见樱桃害虫梨小食心虫。

山楂园桃小食心虫

山楂园桃小食心虫是为害山楂果实的重要害虫，北方山楂园发生普遍，蛀果率高达40%～60%，严重影响山楂品质。该虫在辽宁每年发生1代，华北、华东年生2代，均以老熟幼虫在土中结"冬茧"越冬，多在树干周围1m直径14cm以上表土层越冬，越冬茧扁圆致密，翌年5月上旬越冬幼虫出土，在土表缀合土粒及杂物作纺锤形夏茧，化蛹在其中，5月下旬越冬代成虫出现，6月上旬进入成虫羽化盛期，成虫有趋光性，成虫寿命5～20天，羽化后1～2天交尾，把卵产在萼洼或梗洼处，卵期7天，初孵幼虫在果面上爬行一段时间后从果实胴部蛀入果内，潜食果肉，把果内蛀成弯弯曲曲的隧道，果内充满虫粪呈"豆沙馅"状，一果内有虫1至数条，幼虫为害期25天左右，7月上旬幼虫咬1小孔脱果坠落地面入土结茧化蛹。2代区7月中旬始见第1代成虫，8月中旬第2代幼虫脱果入土越冬。

桃小食心虫成虫

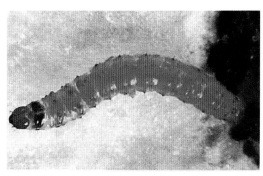

桃小食心虫幼虫放大

防治方法 （1）结合秋冬施基肥，耕翻树干周围1m深15cm表土层，使越冬茧冻死、干死，减少越冬虫源。（2）幼虫脱果前及时摘除虫果，集中深埋或沤肥。（3）5月上旬幼虫出土时在树冠下667 m²用5%辛硫磷颗粒剂2kg对细土15kg混匀后撒施，也可用40%辛硫磷乳油400倍液，喷洒树冠下地表，杀灭越冬幼虫。（4）于6月上旬～7月下旬2代卵及初孵幼虫期对树冠喷洒24%氰氟虫腙悬浮剂1000倍液或2.5%溴氰菊酯乳油1500倍液、20%氰戊菊酯乳油2000倍液、20%氰戊·辛硫磷乳油1500倍液、5%氯虫苯甲酰胺悬浮剂1000倍液。（5）采用性诱剂诱捕成虫。连续3～5天诱到成虫时，可马上喷药防治。

山楂园棉铃虫

学名 *Helicoverpa armigera* Hübner，又称钻心虫，属鳞翅目、夜蛾科。

棉铃虫幼虫在山楂园
为害山楂幼果

寄主 除为害棉花、番茄、辣椒等多种植物以外，还为害山楂、葡萄、毛叶枣等。

为害特点 棉铃虫分布在南纬50°与北纬50°之间，为害山楂时，幼虫啃食嫩梢和叶片，果实膨大后，蛀入山楂青果内危害，造成孔洞或腐烂。

生活习性 该虫华北年生4代，黄河流域3～4代，长江流域4～5代，以蛹在土中越冬，翌年气温升至15℃以上，开始羽化，4月下旬～5月上旬进入羽化盛期成虫出现。第1代在6月中、下旬，第2代在7月中、下旬，第3代在8月中、下旬～9月上旬。

防治方法 卵孵化盛期至2龄前幼虫未蛀入果内之前喷洒200g/L氟虫苯甲酰胺悬浮剂3000～4000倍液或24%氰氟虫腙悬浮剂1000倍液。

山楂园桃蛀螟

学名 *Conogethes punctiferalis*（Guenée），属鳞翅目、草螟科。分布在我国南、北方。

寄主 山楂、桃、李、杏、石榴、梨、苹果、葡萄、板栗、枇杷等。还可为害向日葵、玉米、甜玉米、高粱、麻等。

为害特点 山楂果实受害后，蛀孔外堆满黄褐色虫粪，受害果变黄脱落。

形态特征 幼虫体长15～25mm，暗红色，头部深褐色，前胸背板褐色，各节背面都有褐色斑点。

生活习性 越冬代成虫5月中旬发生，卵期约7天，初孵幼虫蛀果为害，9月下旬老熟幼虫爬到树皮缝或树洞等处结茧越冬。

山楂园桃蛀螟成虫栖息在山楂叶片上

桃蛀螟幼虫

防治方法 （1）冬秋清园，刮除老树皮，清除越冬茧。（2）利用黑光灯、糖醋液、性诱剂诱杀成虫。（3）在各代成虫产卵盛期喷洒5%氯虫苯甲酰胺悬浮剂或24%氰氟虫腙悬浮剂1000倍液。

山楂花象甲

学名 *Anthonomus* sp.，属鞘翅目、象甲科。别名：花苞虫。分布于吉林、辽宁、山西。

寄主 山楂、山里红。

山楂花象甲雌成虫

山楂花象甲花蕾里的
幼虫放大

为害特点 成虫为害嫩芽、嫩叶、花蕾、花及幼果，幼虫主要为害花蕾。为害叶背时啃食叶肉，残留上表皮，致叶面形成分散的"小天窗"。为害花蕾时，花不能开放。

形态特征 成虫：雌成虫浅赤褐色，雄成虫暗赤褐色。体长3.3～4.0mm，体背1/3处最宽。体表具特定分布的灰白色至浅棕色鳞毛，致外观现固有斑纹。头小，前端略窄。喙赤褐色，具光泽，长度等于前胸和头部之和。上颚位于喙两侧。复眼黑色较凸。触角11节膝状，着生在喙端1/3处。头顶区鳞毛密集成一个"Y"形白色纹。前胸背板宽大于长。两侧近端部1/3处向前收缩变窄，密布小刻点和灰鳞毛，中线附近鳞毛形成一纵向白纹，与头部"Y"形纹相连。中胸小盾片小、明显。鞘翅具两条横纹。卵：小蘑菇形，卵长0.67～0.95mm，初乳白色，孵化前浅黄色。末龄幼虫：体长5.6～7.0mm，乳白色至浅黄色。蛹：长3.5～4mm，浅黄色。

生活习性 年生1代，以成虫在树干翘皮下越冬，翌年山里红花序露头时出蛰，新梢长至5～7cm时，进入出蛰盛期，4月下旬成虫开始转移至山楂树上产卵，卵期9～13天，5月上旬初孵幼虫在花蕾内取食雌蕊、雄蕊、花柱、子房等，10天后幼虫转移至花托基部为害，把花梗、花托咬断，造成落花落蕾。幼虫期17～22天，5月下旬～6月初化蛹于落地花蕾内，蛹期7～11天，6月上旬成虫开始羽化，10日左右羽化完毕，成虫羽化后取食幼果10天左右，6月中、下旬开始入蛰，6月末完全入蛰。

防治方法 （1）把山楂花象甲成虫消灭在产卵之前，须在山里红、山楂上分别进行药剂防治，时间掌握在花蕾分离期（花序伸出期）前2～3天喷洒40%乐果乳油1000倍液或20%氰戊菊酯乳油2000倍液。（2）在受害花蕾落地后，及时搜集在一起深埋或烧毁，可减少成虫对当年果实的为害。

白小食心虫（桃白小卷蛾）

学名 *Spilonota albicana* Motsch.，属鳞翅目、卷蛾科。别名：苹果白蛀蛾、苹白小卷蛾等，简称"白小"。分布于北京、天津、河北、山西、辽宁、吉林、黑龙江、内蒙古、河南、山东、湖北、湖南、四川、贵州、云南、西藏等地。

寄主 苹果、梨、杏、李、桃、樱桃、山楂、榅桲、沙果、海棠等。

为害特点 低龄幼虫咬食幼芽、嫩叶，并吐丝把叶片缀连成卷，在卷叶内为害；后期幼虫则从萼洼或梗洼处蛀入果心，在果皮下局部为害，大果类不深入果心，蛀孔外堆积虫粪，粪中常有蛹壳，用丝连结不易脱落。

白小食心虫（桃白小卷蛾）成虫放大

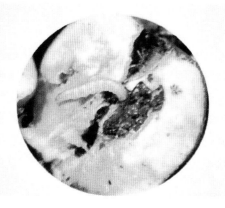

白小食心虫幼虫为害山楂果实

形态特征 成虫：体长6.5mm左右，翅展约15mm。灰白色，头、胸部暗褐色，前翅中部灰白色、端部灰褐色。前缘有8组不明显的白色短斜纹，近顶角处有4或5条黑色棒纹，后缘近臀角处有一暗紫色斑。卵：扁椭圆形，初产时白色，近孵化时暗紫色，表面有细皱纹。幼虫：体长10～12mm，体红褐色，非骨化部分白色，头浅褐色，前胸盾、臀板黑褐色，胸足黑色，毛片具光泽。蛹：长8mm左右，黄褐色，末端有8根钩状刺。

生活习性 辽宁、河北、山东年生2代，多以低龄幼虫在粗皮缝内结茧越冬，翌年苹果萌动后，幼虫取食嫩芽、幼叶，吐丝缀叶成卷，居中为害，幼虫老熟在卷叶内结茧化蛹，越冬代成虫于6月上旬～7月中旬羽化，早期成虫产卵在桃和樱桃叶背，后期卵产在苹果、山楂等果实上。幼虫孵化后多自萼洼或梗洼处蛀入。老熟后在被害处化蛹、羽化。第1代成虫于7月中旬～9月中旬发生，仍产卵果实上，幼虫为害一段时间脱果潜伏越冬。

防治方法 树上药剂防治参考桃小食心虫。

山楂超小卷蛾

学名 *Pammene crataegicola* Liu et Komai，属鳞翅目、卷叶蛾科。分布于吉林、辽宁、山东、河南、江苏等地。

山楂超小卷蛾成虫背、侧面观

寄主 山楂。

为害特点 幼虫蛀花、蛀果并以丝缀连，终致萎蔫脱落。

形态特征 成虫：体长4～5mm，翅展9～11mm。体翅灰褐色，复眼黑褐色，下唇须灰白色。前翅前缘具10～12组灰白色和黑褐色相间的短斜纹，后缘中部具一灰白色三角形斑，两翅合拢时出现1个菱形斑。后翅上无栉毛。末龄幼虫：体长8～10mm，头部褐色，体浅黄色。前胸盾后缘及臀板褐色，腹足具趾钩25～38个，排列成双序全环。臀足趾钩16～24个。

生活习性 北方、南方均年生1代，以老熟幼虫在主干或主枝翘皮下或裂缝中结白色茧进行越夏或越冬。翌春日均温达3～5℃时开始化蛹。山楂的花序分离期成虫进入羽化期，交尾后把卵单产在叶背近叶缘处。

防治方法 参见白小食心虫。

金环胡蜂

学名 *Vespa mandarinia* Smith，属膜翅目、胡蜂科。别名：桃胡蜂、人头蜂、葫芦蜂、马蜂。分布于河北、山东、山西、辽宁、江西、江苏、浙江、福建、台湾、甘肃、四川、湖南、云南、广西、广东。

金环胡蜂为害山楂果实

寄主 梨、桃、葡萄、山楂、苹果、柑橘等。

为害特点 成虫食害成熟的果实或吸取汁液，食成孔洞或空壳，仅残留果核或果皮。

形态特征 成虫：蜂后体长约40mm，翅展80mm。职蜂又称工蜂，头部橘黄色，头顶后缘、复眼和单眼四周黑褐色。触角12节，膝状，柄节棕黄色，鞭节黑褐色。胸部黑褐色，前胸背板前缘两侧黄色，翅基片棕色。翅膜质半透明，淡褐色，翅脉及其前缘色浓。足黑褐色，腹部第6节橙色，其余背板为棕黄色与黑褐色相间；小盾片，后小盾片较光滑，疏被棕色毛；腹部各节光滑。足腿节、胫节末端及跗节密生赤褐色软毛。雄蜂与雌蜂近似，体上被有较密棕色毛及棕色斑。卵：长1～2mm，白色。幼虫：体长35～40mm，白色肥胖，无足，口器红褐色，体侧具刺突，固着在蜂巢里。蛹：白色，羽化前变为黑褐色。蜂巢灰褐色，人头形或葫芦形，上具1孔口，故有葫芦蜂或人头蜂之称，内具数层至数十层蜂室，蜂室六角形，蜂巢大小和蜂群数量成正相关，多悬在树枝上或树洞里及岩缝中。

生活习性　金环胡蜂以受精的蜂后在树洞、墙或岩缝处越冬。翌春4月下旬～5月上旬开始活动，每只蜂后各筑1个巢，同时将卵产在蜂室棱角处，每室1卵，卵期7天。幼虫期20天，老熟幼虫吐丝封闭蜂室口化蛹，蛹期8～9天。羽化成虫均系职蜂。蜂后的主要任务是产卵，繁衍后代；筑巢和喂饲幼虫由职蜂承担，到秋季1巢蜂多达数千只或上万只，7～8月繁殖快。果树成熟期，职蜂取食果汁、果肉后，回巢饲喂幼虫。新蜂后育成后，老蜂后死去，新蜂后与雄蜂交配受精，离巢寻找越冬场地越冬。职蜂和雄蜂多死亡。

防治方法　此虫一般不需单独防治，为害严重时可采取以下措施。（1）于晚间把果园或附近胡蜂巢移入远离果园的农田，利用其捕食农田害虫，避免其为害果实。但须注意防止蜂群蜇人。（2）必须灭蜂时，可在晚上用布网袋套住蜂巢，集中消灭，也可用竹竿绑上火把烧毁蜂巢。（3）用红糖1份、蜂蜜1份、水15份、红砒0.4份或1%其他杀虫剂，配成诱杀液，装入盆、碗或瓶内，挂在树上诱杀。（4）必要时可在果实近成熟期喷80%敌敌畏乳油1000倍液或24%氰氟虫腙悬浮剂1000倍液、20%甲氰菊酯乳油2500倍液、2.5%高效氯氟氰菊酯乳油2000倍液、10%联苯菊酯乳油3000倍液。

山楂萤叶甲

学名 *Lochmaea cratagi* Forst.，属鞘翅目、叶甲科。别名：黄皮牛。分布于山西。

寄主 山楂。

山楂萤叶甲成虫（左）
和幼虫放大

为害特点 成虫食芽、叶、花蕾；幼虫蛀食幼果，致大量落果，严重的造成绝产。

形态特征 成虫：体长5～7mm，宽3～3.5mm，长椭圆形，后端略膨大。雌雄异型：雌成虫橙黄色至淡黄褐色，有的头部黑色，胸部腹面色暗，触角、足黑褐色；雄成虫头、触角、前胸背板、胸部腹面和小盾片及足均为黑色至黑褐色，鞘翅、腹部橙黄色至淡黄褐色。鞘翅较薄，近半透明，末端盖及腹端。雌成虫腹板可见6节，雄成虫可见5节。卵：球形或近球形，直径0.75mm左右，卵壳硬，无光泽，土黄色，近孵化时淡黄白色。幼虫：体长8～10mm，长筒形，尾端稍细，头窄于前胸，米黄色，头部及各体节毛瘤、前胸盾和胸足外侧及第9腹节背板均为黑褐色或黑色。胴部13节，第9腹节背板骨化程度高些，呈半椭圆形，似臀板，尾节于第9腹节下呈伪足状凸起，肛门位于中间。初孵幼虫体长1.5mm，头宽于前胸。

蛹：椭圆形，长6～7mm，宽3.8～4.1mm，初淡黄色，逐渐复眼变黑，体色与成虫近似。该虫具土室，长9～11mm，椭圆形略扁，内壁光滑。

生活习性 年生1代。以成虫于树冠下土中越冬，翌春越冬成虫于山楂芽膨大露绿时开始出土上树为害，山楂花序露出时为出土盛期，4月中旬开始产卵，5月上旬进入盛期，成虫寿命出土后达30～40天。成虫白天活动，高温时活跃，食害芽、叶及花蕾，有假死性，卵散产于果枝、叶柄、果柄、叶、花、萼片、幼果上。每雌产卵80～90粒。卵期20～30天，5月中、下旬落花期，幼虫孵化并蛀果为害，被蛀果终致脱落，每一幼虫为害1～3个幼果，6月下旬老熟幼虫脱果做土室，经10～15天化蛹，蛹期约20天，羽化后不出土即越冬。越冬部位在土中多分布于垂直10～20cm土层中，成虫出土时间与温度相关，气温达11℃时大量出土，出土后在土表稍作爬行便飞上树冠取食为害，多在10～17时活动。

防治方法 （1）秋季深翻树盘，消灭部分越冬成虫。（2）及时清除落果，集中销毁，消灭部分未脱果幼虫。（3）山楂芽膨大时，进行树冠下药剂处理土壤，参考山楂桃小食心虫。（4）开花前后树上施药参考桃小食心虫树上用药。

山楂斑蛾

学名 *Illiberis* sp.，属鳞翅目、斑蛾科。别名：红毛虫。分布于山西。

山楂斑蛾茧和蛹

寄主 山楂。

为害特点 幼虫食芽、叶，喜于贴叶间吐丝黏结，于其中食叶的表皮和叶肉，数日后被害叶干枯脱落。

形态特征 成虫：体长7～9mm，翅展22～24mm，体黑色，鳞毛稀少有光泽，胸背光滑、光泽甚强，腹背无光泽。喙较长、黄色，复眼球形、黑色，触角双栉齿状，栉齿长、两侧生纤毛，貌视触角为羽状。翅黑色半透明，鳞毛稀少而短小，故透明度较大，翅脉和翅缘色深。卵：扁椭圆形，长0.5mm，初淡黄白后变灰褐色。幼虫：体长13～15mm，体较肥近圆筒形，头黑色，体紫红色，体背紫黑色。胴部第2～11节各节有横列毛瘤6个，第12节有2个，各毛瘤上有白色长软毛20余根并密生黑色细短毛如刷，以第2、第3、第11节背面的4个毛瘤和第12节背面的2个毛瘤较大而隆起，黑短毛更密略长故色黑，第13节很小，臀板半圆形色暗，上生长短白毛；腹足趾钩单序纵带。蛹：长8～10mm，淡黄色微褐。茧：椭圆形，长11～13mm，淡黄白色，外常附有灰尘、泥土而呈暗灰色。

生活习性 国内新纪录种。山西年生1代，以茧蛹越冬，多于树干基部附近的土石块下、枯枝落叶、杂草等地被物中越冬，少数在树皮缝中越冬。发生期不整齐。成虫发生期

5月下旬～7月上旬，成虫白天潜伏，多傍晚和夜间活动，交配后2天开始产卵，卵多产于叶背，块生，每块一般有卵40～50粒，卵粒相邻排列互不重叠，卵块多呈椭圆形，成虫寿命7～15天，每雌产卵1～3块。卵期7～12天。6月中旬～10月上旬为幼虫发生期，7月中旬～8月下旬为害最烈。初孵幼虫群集叶背主脉两侧取食叶肉，10～15天后陆续分散活动为害，多在傍晚和夜间取食，日间静栖叶背或叶间，受惊扰常吐丝下垂，幼虫体毛接触皮肤产生红斑和痛痒。幼虫期70～80天。8月下旬～10月上旬老熟，多吐丝下垂落地，亦有爬下树者，寻找适宜场所结茧化蛹越冬。其天敌有寄生蜂、寄蝇。

防治方法 （1）果树休眠期清除树下枯枝落叶、杂草等地被物，集中处理，翻树盘，可消灭部分越冬蛹。（2）摘除卵块和群集幼虫。（3）药剂防治，低龄期施药为宜，参考白小食心虫。

山楂喀木虱

学名 *Cacopsylla idiocrataegi* Li，属同翅目、木虱科。分布于辽宁、吉林、河北、山西。

寄主 山楂、山里红。

为害特点 若虫在嫩叶背面、花梗、萼片上取食，尾端分泌白蜡丝，严重的蜡丝密集垂吊在花序或叶片下面，似棉絮状，受害叶扭曲变形，枯黄早落或造成花序萎蔫脱落。

形态特征 成虫：夏型体橘黄色至黄绿色，冬型色深，沿中缝两侧黄色，颊锥黑褐色，复眼棕色。体长2.6～2.9mm，雌虫略大。初羽化时草绿色，后变橙黄色至黑褐色。触角土黄色，端部5节黑色。前胸背板黄绿色，中央有黑斑。翅脉黄色，前翅外缘略带色斑。足的腿节端部、胫节、跗节黄褐色，爪黑色，后足胫节端部有3黑刺，跗节具2黑刺。若虫：1龄若虫体浅黄色，臀板橘黄色。5龄若虫草绿色，复眼红色，背中线明显。卵：纺锤形，顶端略尖，具短柄。初乳白色，渐变橘黄色。

山楂喀木虱若虫（左）
和成虫

生活习性 辽宁年生1代，以成虫越冬，翌年3月下旬日均温达5℃时，越冬成虫出蛰活动，补充营养。4月上旬交尾产卵，产卵时将卵柄斜插入叶肉，几粒或数十粒一堆，每雌卵量359～740粒。山楂放叶后，多把卵产在叶背或花苞上，卵期10～12天。初孵若虫多在嫩叶背取食，尾端分泌白色蜡丝。5月下旬若虫羽化为成虫。成虫善跳，有趋光性及假死性。

防治方法 （1）3月下旬～4月初越冬成虫大部分出蛰、尚未产卵时喷洒40%乐果乳油1000倍液、20%氰戊·辛硫磷乳油2000倍液、5%啶虫脒乳油2500倍液、20%吡虫啉浓可溶剂2500倍液、1.8%阿维菌素乳油2000倍液。（2）5月份山楂开花前后再防治1次若虫，即可控制为害。

山楂绢粉蝶

学名 *Aporia crataegi*（Linnaeus），属鳞翅目、粉蝶科。别名：梅白蝶。分布在东北、华北、西北及山东、四川等地。

山楂绢粉蝶成虫放大

山楂绢粉蝶卵放大

山楂绢粉蝶幼虫

山楂绢粉蝶幼虫

山楂绢粉蝶蛹

山楂绢粉蝶越冬虫巢

寄主 山楂、桃、李、杏、苹果、梨、板栗。

为害特点 幼虫食害芽、花、叶，低龄时群居网内为害，长大后分散为害。

形态特征 成虫：体长22～25mm。触角黑色，端部黄白色。前、后翅白色，翅脉和外缘黑色。卵：柱形，顶端稍尖，初产时金黄色，渐变淡黄色。末龄幼虫：体长40～45mm，背面生3条窄黑色纵纹和2条黄褐色纵纹。蛹：一种橙黄色布有黑点；另一种体黄色，黑斑小且少，蛹体较小。

生活习性 年生1代，以3龄幼虫群集在树梢虫巢里越冬，春季果树发芽后幼虫出巢为害芽、花及吐丝缀叶为害叶片，幼虫老熟后在枝干上化蛹，豫西化蛹盛期为5月中、下旬，成虫于5月底～6月上旬把卵产在叶片上，6月中旬幼虫孵化后为害至8月初，又以3龄幼虫越夏、越冬，每年4～5月为害。

防治方法 （1）结合修剪剪除枝梢上的越冬虫巢，集中烧毁。（2）春季幼虫出蛰后喷洒20%氰·辛乳油1500倍液。（3）保护利用天敌。

山楂园梨网蝽

学名 *Stephanitis nashi* Esaki et Takeya，属半翅目、网蝽科。别名：梨花网蝽、梨军配虫。分布在东北、华北、华东、华南、四川、云南。

寄主 除为害梨外，还为害山楂、樱桃。

为害特点 以成虫、若虫群集在叶背吸食汁液，受害叶正面产生苍白点，叶背面有褐色斑点状虫粪及分泌物，使受害叶呈锈黄色，严重时受害叶片早期脱落。

生活习性 该虫在北方年生3～4代，黄河流域4～5代，各地均以成虫在杂草、落叶、土石缝、枝干翘皮缝等处越冬。

翌年4月下旬～5月上旬进入出蛰高峰期，5月中、下旬为若虫孵化盛期，6月中旬为成虫羽化盛期，全年为害最重的时段是7～8月。

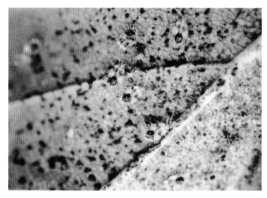

梨网蝽若虫正在叶背吸食汁液

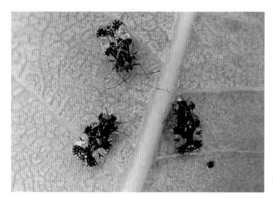

梨网蝽成虫（夏声广）

防治方法（1）秋冬清除山楂园中的杂草、落叶，刮除老翘皮以销毁越冬成虫。也可在成虫越冬前树干束草，诱集成虫越冬。（2）第1代若虫盛期是喷药关键期，应掌握在4月中旬越冬成虫出蛰至5月下旬第1代若虫孵化末期喷洒5%啶虫脒乳油2500倍液，以压低春季虫口密度。也可在夏季大发生前进行，以控制7～8月份的为害。

中国黑星蚧

学名 *Parlatorepsis chinensis*（Marlatt），属同翅目、盾蚧科。分布在山东等地。

寄主 为害山楂、枣、苹果、海棠、木瓜等多种果树。

中国黑星蚧为害山楂

为害特点 以若虫、雌成虫固着在寄主枝条和粗枝皮层处，密度大为害重时，可使树势衰弱，甚至使枝干枯死，并常引发烟煤病。

形态特征 雌成虫介壳近圆形，灰白色；2龄介壳灰绿色，壳点在头端突出。雌虫体扁椭圆形，长0.7～0.8mm，宽0.5～0.6mm，淡紫红色，臀板稍硬化，眼点发达，前气门腺1～2个，腺瘤分布在体腹面亚缘区，阴门在臀板区中央，阴门围阴腺4群，每群5～8个，臀叶2对，中叶很发达，外缘斜面细齿状，基部不融合，第2叶狭小。第7、第8腹节上缘腺管口硬化环突呈槌状。

生活习性 年生2代，以2龄若虫在寄主枝干、枝条等为害处越冬。越冬代若虫第2年继续为害、发育，5月中旬出现雌雄成虫，两性交配卵生。第1代若虫6月上旬前后孵化，第1代成虫6月下旬～7月上旬发生；7月上、中旬第2代若虫孵化，寻找寄主枝条嫩皮固定取食为害，9月中、下旬开始脱皮变为2龄，11月上、中旬进入越冬状态。

防治方法 （1）结合修剪剪除受害严重的枝条。（2）6月下旬～7月上旬，于若虫孵化期喷洒5%啶虫脒可湿性粉剂1800倍液或5%啶·高乳油1200～1500倍液、1.8%阿维菌素乳油1000倍液，3天后再喷1次。

小木蠹蛾（红哈虫）

学名 *Holcocerus insularis* Staudinger，属鳞翅目、木蠹蛾科。分布在东北、华北。

寄主 主要为害山楂、沙棘、苹果、山丁子等。

为害特点 此虫3龄前幼虫蛀害韧皮部、木质部，3龄后向木质部中心蛀害成纵横交错的不规则隧道，同时排出大量木屑和虫粪堆积在蛀孔外，致树势下降，仅2～3年大枝或全株枯死。该虫是山楂、沙棘毁灭性大害虫，严重威胁我国沙棘、山楂产业发展。

小木蠹蛾幼虫及其
为害山楂排出的粪
和木屑

生活习性 该虫2年左右发生1代，多以2～5龄幼虫越冬，头1年低龄幼虫在受害枝的虫道里过冬，翌年多以末龄幼虫在树干、树枝里越冬，成虫多在6～8月初羽化，夜晚交尾，清晨把卵产在树皮缝中，幼虫孵化后蛀入枝干内，10月以幼虫越冬。

防治方法 （1）秋季、早春刮树皮，杀灭在树皮浅层的低龄幼虫。（2）用磷化铝毒杀幼虫，商品磷化铝每片0.6g，用0.15g或0.1g塞入小木蠹蛾幼虫蛀孔内后用泥封口防治，经济有效。（3）用棉球蘸40%辛硫磷乳油10倍液塞入蛀孔也有效。

山楂窄吉丁

学名 *Agrilus* sp.，属鞘翅目、吉丁甲科。别名：麻花钻（指为害状）。分布于山西。

寄主 山楂属植物。

山楂窄吉丁成虫

为害特点 幼虫在枝干的木质部与韧皮部之间为害，多由上向下蛀食，隧道弯曲常沿枝干呈螺旋形下蛀，幼树多在主干上发生，成树多在枝条上发生，削弱树势，重者枯死。成虫食叶呈不规则的缺刻与孔洞，亦啃食嫩枝的皮，食量不大。

形态特征 成虫：体长8.5～9.5mm，体背暗紫红色，腹面黑色，有光泽。体略呈楔形、密被刻点，头短黑色，触角锯齿状、11节，第1～3节无锯齿。前胸背板宽大于长，前缘两侧向前下弯包至头中部，前缘角尖锐，后缘角近直角，侧缘和后缘边框光滑黑色，后缘角稍内向前伸，1纵脊达背板长的2/5处。小盾片略呈三角形，与前胸背板间有1光滑横凹。鞘翅肩甲明显突起，翅中部向后渐尖削，内、外侧脊边黑褐色，翅端有1列约20余个刺突，翅尖处的2个较大。中、后足相距甚远。腹部腹面可见5节。幼虫：体长16～18mm，细长略扁淡黄色，前胸稍宽大，前胸盾近圆形，中央有1褐色纵沟，前胸腹板后2/3部分中央有1前端分叉的褐纵沟；中、后胸依次渐窄小。腹部10节，第9、第10节愈合成扁圆形尾节，第10节较骨化，黄褐色，末端生1对黑褐色刺状尾突，其内侧中部和近端部各生1钝突，近端部者较小。低龄幼虫体扁平，淡黄色近半透明。

生活习性 山西年生1代，以幼虫于隧道中越冬，山楂树萌动后继续为害，4月底前后化蛹，蛹期10余天。5月中旬田间始见成虫，5月下旬始见卵，6月上旬前后为成虫盛发期，产卵前期10天左右，6月中、下旬为产卵盛期，卵期8～10天，幼虫6月上旬开始发生，为害至落叶时于隧道端越冬。成虫白天活动，喜阳光温暖，有假死性，善于幼树和结果小树上活动取食和产卵，茂密郁蔽的大树落卵较少，卵多散产于光照好的枝干皮缝、伤疤、枝杈等不光滑处，每雌产卵40～50粒，成虫寿命20～30天。幼虫孵化后蛀入皮层至皮下，树皮光滑幼嫩的可隐约透见隧道，其边缘的表皮变成褐至暗褐色且易爆裂，树皮较厚粗糙者外表难以看出被害。老熟时蛀入木质部，做船底形蛹室于内化蛹。羽化后成虫在蛹室内停留数日，咬扁圆形羽化孔出树。幼虫期蛀隧道总长1～1.5m。

防治方法 （1）成虫发生期清晨振落捕杀成虫。（2）成虫尸化时及时清除死树、枯枝，消灭其中的虫体。（3）加强综合管理，增强树势，防止产生伤口和日灼；保护啄木鸟和天敌。（4）成虫尸化初期枝干上涂刷40%辛硫磷乳油200～300倍液，触杀效果好，隔15天涂1次，连涂2～3次。（5）成虫出树后产卵前喷洒50%敌敌畏乳油或5%氯虫苯甲酰胺悬浮剂1000倍液或30%茚虫威水分散粒剂1500倍液、9%高氯氟氰·噻乳油1500倍液。

山楂叶螨

学名 *Tetranychus viennensis* Zacher，属蜱螨目、叶螨科。别名：山楂红蜘蛛、樱桃红蜘蛛。

山楂叶螨为害山楂状

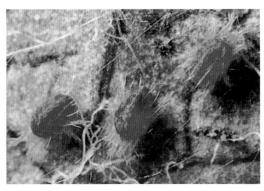

山楂叶螨越冬型雌成螨放大

寄主 山楂叶螨除为害樱桃外，还为害核桃、山楂、苹果、梨、桃等。

为害特点 以成螨、若螨、幼螨刺吸芽、叶、果的汁液，叶受害初呈现很多失绿小斑点，渐扩大连片。严重时全叶苍白枯焦早落，常造成二次发芽开花，削弱树势，不仅当年果实不能成熟，还影响花芽形成和下年的产量。

生活习性 该虫在北方年生5～9代，以受精雌成螨在树干、主枝、侧枝、翘皮下或主干周围的土壤缝隙内越冬，翌年春天，当山楂花芽膨大时开始出蛰，花序伸出时进入出蛰盛期，初花至盛花期是产卵盛期，落花后1周进入卵孵化盛期，若螨孵化后，群聚在叶背吸食为害。第2代以后出现世代重叠，各虫态均可见到。果实采收后至8～9月是全年为害最重的时候，9月以后产生雌螨潜伏越冬。干旱年份为害重。

防治方法 参见樱桃园山楂叶螨。

山东广翅蜡蝉

学名 *Ricania shantungensis* Chou et Lu，属同翅目、广蜡蝉科。

为害特点 以成虫、若虫刺吸新梢和叶的汁液，多把卵产在山楂、李、梨、柿等当年枝条中，致产卵部位以上枝条枯死。

形态特征 成虫：体长8mm，翅展宽28～30mm，褐色至紫红褐色，前翅宽大，底色暗褐色，被浅紫红色稀薄蜡粉，有的杂白色蜡粉。翅前缘1/3处生1纵向狭长的半透明斑。后翅浅黑褐色，半透明，前缘基部呈黄褐色，后缘色浅。卵：长1.25mm，长椭圆形。若虫：长6.5～7mm，近圆形。翅芽外缘较宽，头短宽，额大，有3条纵脊近似成虫。

山东广翅蜡蝉成虫

生活习性 年生1代，以卵在枝条内越冬，翌年5月孵化，为害到7月下旬羽化，8月中旬为羽化盛期。成虫交配后于8月底开始产卵，9月下旬～10月上旬为产卵盛期，10月结束，成虫喜白天活动。

防治方法 （1）修剪时注意剪除有虫卵块的枝条，集中深埋或烧毁。（2）为害期喷洒20%氰·辛乳油1000～1500倍液或9%高氯氟氰·噻乳油1500倍液、20%吡虫啉可溶性粉剂3000倍液。

旋纹潜叶蛾

学名 *Leucoptera scitella* Zeller，是为害苹果属的主要害虫，为害山楂、山荆子也十分严重，有时与金纹细蛾混合发生混合为害，以幼虫蛀入叶内取食叶肉，钻入隧道呈螺旋状，外观呈近圆形至不规划形旋纹状褐斑，发生严重时，1片叶上可多达10多个虫斑，造成早期落叶。

防治方法 （1）及时清除山楂园果树落叶，刮除老树皮，可消灭部分越冬蛹。（2）结合防治其他害虫在越冬代老熟幼虫结茧前，在枝干上束草诱旋纹潜叶蛾化蛹越冬，休眠期取

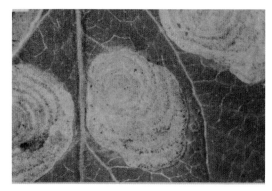

旋纹潜叶蛾为害状

旋纹潜叶蛾成虫

下集中烧毁。(3)成虫发生期喷洒25%吡·灭幼可湿性粉剂1500～2500倍液可兼治金纹细蛾。也可喷洒24%氰氟虫腙悬浮剂或5%氯虫苯甲酰胺悬浮剂1000倍液。

山楂园桑白蚧

学名 *Pseudaulacsapis pentagona*（Targioni-Tozzetti），是山楂树生产上大害虫，近年为害日趋严重，尤其是结果园受害更重。常常造成枯芽、枯枝，树势下降，产量、质量下降十分明显。

为害特点　该虫以群聚固定为害为主，吸食树体汁液。卵孵化时，发生严重的山楂园，植株枝干随处可见片片发红的若蚧群落，虫口难以计数。介壳形成后，枝干上介壳密布重叠，枝条灰白色，凹凸不平。被害树树势严重下降，枝芽发育不良，甚至死亡。

生活习性　桑白蚧在山东产区年生2代，以受精雌成虫在枝干上越冬，翌年4月初山楂芽萌动后开始吸食活动，虫体不断膨大。4月下旬开始产卵，每头雌虫可产卵数百粒。5月中旬卵开始孵化，5月中旬末至下旬达到孵化高峰。初孵的若蚧先在壳下停留数小时，后逐渐爬出分散活动，1～2天后固定在枝条上为害。5～7天后开始分泌棉絮状白色蜡粉和蜡质，覆盖体表并形成介壳。第2代产卵期为7月中、下旬，8月上旬进入卵孵化盛期，8月下旬～9月间陆续羽化为成虫，秋末成虫进入越冬状态。

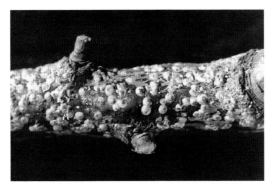

桑白蚧雌介壳

防治方法　改春季干枝期防治为5月中、下旬一代卵孵化盛期防治1次，用20%氰·辛乳油1200倍液或20%丁硫·乳油1500倍液。每667 m^{2}用对好的药液量300～400kg，采用淋洗式。采收前3天停止用药。

山楂长小蠹

学名 *Platypus* sp.，属鞘翅目、长小蠹科。别名：山楂蠹虫。分布在山西。

寄主 山楂、苹果、柿。

山楂长小蠹成虫
（雌、雄）

为害特点 成虫、幼虫蛀食成龄树的木质部，致隧道纵横交错，严重时深达根部，影响树势。

形态特征 成虫：雌体长 5.5～6mm，宽 1.8mm，雄体略小，长筒形，棕褐色，鞘翅后端黑褐色。头宽短；复眼黑色近球形，触角锤状、6节。前胸长方形，与头等宽。鞘翅近矩形，具8条纵刻点列，形成脊沟；前缘和翅端1/3部分具细毛，背视鞘翅末端雌体略圆，雄体稍内凹。腹部短小，腹板5节。前足、中足相距颇近。后胸特长，后胸腹板为腹部长的2～2.5倍，致后足似生于体末端。臀板稍露出鞘翅外。各足腿节扁阔粗大，跗节4节，足端生2爪。幼虫：体长5～6mm，节间缢缩略弯曲，无足，体肥胖。头淡黄色，口器深褐色。胴部12节乳白色，前胸粗大向后渐细，前胸盾片浅黄色，前胸腹板较骨化，淡黄密生短毛；腹部末端腹面中央具淡黄褐色小瘤突1个。气门9对。

生活习性 山西年生2代，可以各虫态越冬，但以成虫、幼虫为主。3月中旬开始活动，发生期不整齐，成虫出树有3个高峰期：4月底～5月初；7月中旬～8月上旬；9月底～10月上旬。以7月中旬～8月上旬发生数量最多，持续时间最长，由越冬幼虫羽化的成虫和第1代成虫组成，是分散传播及侵害新树的时期。11月中旬当气温0℃时均进入越冬态。非越冬各虫态历期：成虫期50～60天，幼虫期23～28天，蛹期15～20天，卵期22～27天。成虫出树后绕树飞行或沿树干爬行，有假死性。成虫多从树体主干纵向死皮层凹沟处蛀入，蛀孔直径约1.5mm，圆形，蛀道水平和垂直交互向下蛀，可至根部。在蛀道末端常蛀有稍膨大的卵室，每室有15～20粒卵。初孵幼虫近三角形，经14～16天蜕皮后成为正常体形的幼虫，再经9～12天老熟，各自筑蛹室化蛹。

防治方法 （1）加强综合管理，增强树势以减少发生。（2）成虫出树期用高浓度触杀剂喷洒树干成淋洗状态，毒杀成虫效果很好。可用氯氰菊酯、辛硫磷、茚虫威1000～1500倍液，单用、混用或其复配剂均有良好效果。对吉丁虫等枝干害虫有兼治作用。

瘤胸材小蠹

学名 *Xyleborus rubricollis* Eichhoff，属鞘翅目、小蠹科。别名：山楂蠹虫。分布于山东、河北、陕西、安徽、浙江、福建、湖南、四川、西藏。

寄主 山楂、山桃、核桃、柿、女贞、水冬瓜、荆条、木荷、侧柏、杉木、杨等。

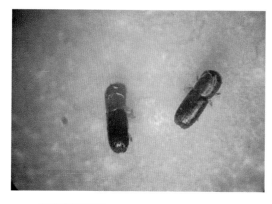

瘤胸材小蠹成虫

为害特点 成虫、幼虫在木质部内蛀食，影响树势。

形态特征 成虫：体长2～2.5mm，宽0.8～0.9mm，雄虫较雌虫略小，体棕褐色，密被浅黄色绒毛。前胸背板红褐色，鞘翅暗褐至黑褐色，头部被前胸背板遮盖。前胸粗大，长为鞘翅长的2/3，背视前端呈圆形，后缘似一直线，背板上布满颗瘤，前半部具短粗毛，后半部毛细弱。小盾片三角形狭长。鞘翅端部微斜截，两侧平行略向外扩张，鞘翅上各具8列纵刻点沟。腹部被鞘翅覆盖，可见5节腹板。复眼黑色肾形，触角短小7节，第1节粗大棒状，第2节短粗，第3～6节细小，第7节即锤状部扁椭圆形，密生短毛。足腿节、胫节扁阔。卵：乳白色半透明，直径18～20μm，近球形。幼虫：体长2.2mm左右，体肥胖略弯，无足，疏生短刚毛，白色，头浅黄，口器淡褐色。胴部乳白色12节，胸部粗大，腹部各节向后依次渐细。蛹：长2mm，近长筒形，乳白至浅黄色。

生活习性 生活史不详。山西观察：成虫行动迟缓，多在老翘皮下蛀入树体，蛀孔圆形，直径约0.8mm。蛀道不规则，水平横向居多，长短不一，一般十几厘米，长的可达20cm，蛀道末端为卵室，每室10余粒，初孵幼虫活动于卵室内，后在蛀道内爬行，老熟幼虫在蛀道侧蛀成蛹室化蛹。新羽化的成虫出树期和侵入时，常在树干上爬行并在蛀孔处频繁进出，是药剂防治的关键期。

防治方法 参考山楂长小蠹。

四点象天牛

学名 *Mesosa myops*（Dalman），属鞘翅目、天牛科。别名：黄斑眼纹天牛。分布于黑龙江、吉林、辽宁、内蒙古、北京、安徽、台湾、广东、陕西、四川等地。

寄主 苹果、山楂、核桃、柞等。

四点象天牛成虫栖息在花朵上

为害特点 成虫取食枝干嫩皮；幼虫蛀食枝干皮层和木质部，喜于韧皮部与木质部之间蛀食，隧道不规则，内有粪屑，致树势削弱或枯死。

形态特征 成虫：体长8～15mm，宽3～6mm，黑色，被灰色短绒毛，杂有金黄色毛斑，头部有颗粒及点刻，复眼小，分上、下两叶，但其间有一线相连，下叶稍大。触角11节，丝状，赤褐色。前胸背板有小颗粒及刻点，中央后方及两侧有瘤状突起，中具4个略呈方形排列的丝绒状黑斑，每斑镶金黄色绒毛边。鞘翅上有许多不规则形黄色斑和近圆形黑斑点,基部1/4区具颗粒;翅中段色较淡,在此淡色区的上、下缘中央,各有一较大的不规则形黑斑。小盾片中部金黄色。卵:椭圆形,乳白色渐变淡黄白色,长2mm。幼虫:体长25mm,淡黄白色,头黄褐色,口器黑褐色,胴部13节,前胸显著粗大,前胸盾矩形黄褐色。蛹:长10~15mm,短粗,淡黄褐色,羽化前黑褐色。

生活习性 黑龙江2年1代,以幼虫或成虫越冬。翌春5月初越冬成虫开始活动取食并交配产卵。卵多产在树皮缝、枝节、死节处,尤喜产在腐朽变软的树皮上,卵期15天。5月底孵化,初孵幼虫蛀入皮层至皮下于韧皮部与木质部之间蛀食。秋后于蛀道内越冬。第2年为害至7月底前后开始老熟于隧道内化蛹,蛹期10余天,羽化后咬圆形羽化孔出树,于落叶层和干基各种缝隙内越冬。

防治方法 参考梨眼天牛。

梨眼天牛

学名 Bacchisa fortunei(Thomson),属鞘翅目、天牛科。

寄主 除为害梨、苹果、桃、李、杏外,还为害山楂和石榴等。

为害特点 以成虫咬食叶背的主脉及中脉基部的侧脉,或叶柄、叶缘、嫩枝表皮。以幼虫蛀害枝条的木质部,造成受害树皮干裂,常可见有很细的木质纤维或粪便排出,受害枝条特易风折。

生活习性 山东、陕西、河北一带2年发生1代,多以3龄幼虫在虫道里越冬,在河北4月中旬老熟幼虫开始化蛹,4月中下旬进入化蛹盛期,5月中下旬为羽化盛期。

梨眼天牛成虫出枝及
其羽化孔

天牛注射器防治天牛
幼虫

防治方法 （1）5～7月雨后晴天中午在主枝或树干上捕
杀成虫。（2）5～8月喷20%氰·辛乳油1200倍液，捕杀成虫。
对蛀干幼虫用80%敌敌畏浮油或50%辛硫磷乳油50倍液蘸药
液后塞入虫孔用湿泥封口熏杀。

榆沫蝉

学名 *Cnemidanomia lugubris*（Lethierry），属同翅目、尖
胸沫蝉科，分布于中国东北、俄罗斯、韩国。

寄主 榆树、山楂、榆叶梅等。

为害特点 出叶后叶背黏挂大团泡沫，树下滴水，成虫
产卵时刮伤枝条造成枯死。

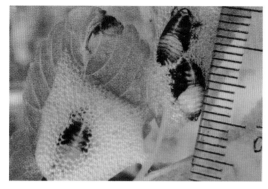

山楂叶背面的泡沫

榆沫蝉成虫

形态特征 成虫：雌体长12.5mm，雄体长10.6mm，头冠黑色，触角、喙黑色，前胸背板黑色，前喙横列黄白色斑点，后缘呈横3字形；小盾片近伞形，黑色，末端尖，淡黄色；前翅黑色，散布着近长方形淡黄色斑纹5个。

生活习性 吉林年生1代，以卵在树枝皮下越冬，翌年4月气温5℃树液流动时越冬卵孵化，若虫开始刺吸树液为害，5月下旬羽化成成虫，经补充营养后交配产卵，以卵越冬。偶尔到山楂树上吸汁为害。

防治方法 低龄树可在秋末落叶后剪除带卵枝条深埋。成虫可在羽化期捕捉后处理。必要时喷洒10%吡虫啉可湿性粉剂1000倍液或20%氰·辛乳油1200倍液。

5. 番木瓜病害

番木瓜茎腐病

症状 木瓜幼苗期和成株期均可受害。发病初期，在茎基部近地面处产生水渍状斑，并流出白色胶状物，后组织崩解、缢缩折倒，整株萎蔫。湿度大时，病部产生白色棉絮状菌丝体，即为病菌菌丝、孢囊梗和孢子囊。

番木瓜茎腐病

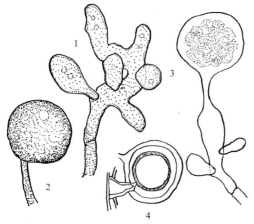

瓜果腐霉

1,2—孢子囊和孢囊梗；

3—孢子囊萌发形成泡囊；

4—藏卵器中的卵孢子

病原 *Pythium aphanidermatum*，称瓜果腐霉，属假菌界卵菌门。菌丝发达，无隔膜，无色透明，直径$2.6 \sim 8.1\mu m$。孢子囊条状或姜瓣状分枝，直径$3.8 \sim 21.0\mu m$。孢子囊萌发产生游动孢子。游动孢子肾形，侧生2根鞭毛，大小$（11.6 \sim 16.3）\mu m \times （5.1 \sim 6.5）\mu m$。藏卵器球形，直径$21.1 \sim 29.3\mu m$。卵孢子球形或卵球形，平滑，不满器，直径$18.2 \sim 24.1\mu m$。雄器桶状或袋状，顶生或间生，多为1个，极少数为2个，大小$（8.6 \sim 18.9）\mu m \times （6.5 \sim 15.6）\mu m$。病菌生长温度$16 \sim 36℃$，最适生长温度$36℃$，低于$16℃$、高于$40℃$生长受到抑制。

传播途径和发病条件 病菌以卵孢子在土壤中越冬，条件适宜时卵孢子萌发，产生芽管直接侵入番木瓜幼苗。田间积水是影响该病害发生的关键因素。木瓜生长需要一定湿度，如果雨水和灌溉水过多，排水不及时，积水仅几小时，即可诱发该病害。幼苗移栽时，栽植过深或根茎基部培土过多，有利于发病。茎基部湿度大，有利于病菌繁殖和侵入，促进病害发生。

防治方法 （1）每平方米苗床用54.5%恶霉·福可湿性粉剂3.5g对细土$4 \sim 5$kg拌匀，施药前先把底水浇好浇透，再取1/3拌好的药土撒在畦面上，播种后再把其余2/3药土盖在种子上进行常规育苗，可有效预防苗期茎腐病的发生。（2）采用营养钵无土育苗的，每立方米营养土中加入54.5%恶霉·福可湿性粉剂10g，充分拌匀即可育苗。（3）成株期发病茎基部用上述药土培土，也可喷淋54.5%恶霉·福可湿性粉剂700倍液。

番木瓜白星病

症状 又称斑点病。主要为害叶片。叶片上生圆形病斑，中央白色至灰白色，边缘褐色，大小2～4mm；病斑多时，常相互融合，病斑上现黑色小点，即病原菌分生孢子器。常造成叶片局部枯死。

番木瓜白星病病叶

病原 *Phyllosticta caricae-papayae*，称番木瓜叶点霉，属真菌界无性型真菌。分生孢子器生在叶面，近球形至扁球形，初埋生，后突出，暗褐色，直径80～120μm；产孢细胞不易看清。分生孢子椭圆形，无色，直或略弯，大小（4～5）μm×（1～2）μm。

传播途径和发病条件 病菌以菌丝体和分生孢子器在病部越冬，翌春抽生枝条时，侵害幼嫩茎部或枝条，降雨多的年份易发病。7～11月发生。

防治方法 （1）加强管理。适时修剪并注意清除病枝，集中深埋或烧毁。（2）必要时喷洒50%锰锌·多菌灵可湿性粉剂600倍液或75%百菌清可湿性粉剂600倍液、50%硫黄·多菌灵可湿性粉剂600倍液、50%多菌灵可湿性粉剂600倍液。

番木瓜霜疫病

症状 仅发现为害幼苗。叶上生水渍状、褐色、不规则形大斑，潮湿时背面生白色霉状物，即病菌子实体。枝染病，生断续的褐色水渍状斑，并可见白色霉状物。严重时，致幼苗死亡。

番木瓜霜疫病幼苗

病原 *Peronophythora litchii*，称荔枝霜疫霉，属假菌界卵菌门。

病菌形态特征、传播途径和发病条件、防治方法参见荔枝霜疫病。

番木瓜疫病

症状 主要为害尚未成熟的绿色果实，染病果实初在蒂部或果柄之端产生不规则形水浸状褐斑，迅速扩大至整个果实。湿度大时产生白色霉状物，即病原菌的菌丝体、孢囊梗及孢子囊，菌丝紧贴果皮生长，不易剥下，终致果实大半被菌丝体覆盖，染病果常落地而腐败。苗期染病也可引起幼苗猝倒。

病原 有两种：*Phytophthora palmivora*称棕榈疫霉；*Phytophthora nicotianae* van称烟草疫霉，均属假菌界卵菌门。棕榈疫霉孢囊梗简单合轴分枝，粗3.3μm。孢子囊倒梨形或卵形，平均长54μm、宽36μm，长宽比1.5。孢子囊单乳突，多数明显，具短柄，长3.3μm。休止孢子球形，异宗配合。藏卵器球形，直径25μm。卵孢子球形，大多满器，直径22μm。雄器单细胞，围生，高12μm、宽12.4μm。

番木瓜疫病

传播途径和发病条件 在台湾本病主要发生在雨季，连续阴雨有利于该病流行，非洲大蜗牛爬到木瓜上，也可传播疫病。在广东、广西、海南，个别年份、个别品种在结果后多雨天气下发生，5月多雨或营养钵淋水过多，可引起幼苗猝倒。

防治方法 （1）选用抗病品种。（2）搞好番木瓜园排灌系统，雨后及时排水，防止湿气滞留。（3）发病前喷洒1%的96%硫酸铜液预防。（4）发病初期喷洒68%精甲霜·锰锌水分散粒剂600倍液或70%锰锌·乙铝可湿性粉剂500倍液、69%锰锌·烯酰可湿性粉剂700倍液、70%丙森锌可湿性粉剂600倍液。

番木瓜白粉病

症状 主要为害叶片、叶柄、嫩枝及幼果。初在病部生白色粉状物，散生，后布满病部，致叶片呈现淡绿色或黄色斑点。幼果染病，现白粉状轮斑，受害部位呈浅黄色，生长受到抑制。

病原 *Acrosporium caricae*，属白粉菌科顶孢属真菌，无闭囊壳。许多白粉菌在其生活史中不常产生或不产生闭囊壳，使鉴定工作难于进行。在这种情况下有专家提出可以分生孢子特征作为鉴定依据。无性态为*Oidium caricae-papayae*，称真菌界无性态子囊菌。菌丝体表生，生在叶两面，匍匐状弯曲；分生孢子梗不分枝；分生孢子椭圆形，向基型2～7个串生，表面多数光滑，无色，大小（28～53）μm×（10～17.5）μm。

番木瓜白粉病病叶

传播途径和发病条件 主要发生在旱季，苗期多有发生，广东、海南2～3月时有发生。

防治方法 （1）注意通风透光，避免过度密植。（2）1～3月发病初期喷洒20%三唑酮乳油2000倍液，或40%氟硅唑乳油5000倍液，或12.5%腈菌唑乳油或30%氟菌唑可湿性粉剂1500～2000倍液。番木瓜对多硫悬浮剂敏感，盛夏高温强光照时，不宜施用。（3）北方冬暖式大棚栽培时，要注意选择适于保护地栽培的品种。如印度的红妃在山东表现良好。北方8月下旬～9月中旬定植在大棚内，易发生白粉病，发病初期喷洒上述杀菌剂。

番木瓜黑腐病

症状 又称黑斑病。为害果实。采后果实上产生灰褐色形状不规则的凹陷斑，上生灰黑色霉状物，即病菌的分生孢子梗和分生孢子。

番木瓜黑腐病病果

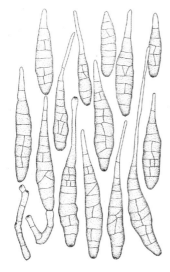

番木瓜黑腐病病菌番木瓜链格孢分生孢子放大

病原 *Alternaria caricae*，称番木瓜链格孢，属真菌界无性型真菌。分生孢子梗多簇生，黄褐色，（20～110）μm×

（4～6.5）μm，分生孢子单生或短链生，青黄褐色，长椭圆形，横隔膜6～10个，纵、斜隔膜3～6个，分隔处缢缩，孢体（40～73）μm×（11～118）μm。喙锥状或柱状，（25～85）μm×（2.5～4）μm。

传播途径和发病条件 病菌以菌丝体和分生孢子在病部越冬或越夏，翌春产生分生孢子借风雨传播进行初侵染和再侵染。分生孢子萌发需高湿，相对湿度40%～80%时，萌发率1%～5%；相对湿度98%时，萌发率为87%，适温15～35℃，降雨量和空气湿度是该病扩展和流行的关键因素。

防治方法 （1）注意清除病残体以减少菌源。（2）加强管理。提倡施用保得生物肥或酵素菌沤制的堆肥，增强抗病力。雨后及时排水，严防湿气滞留。注意控制雌株结果量，以保持树势，有利于抗病。（3）发病初期喷洒50%异菌脲可湿性粉剂1000倍液或30%戊唑·多菌灵悬浮剂1000倍液、75%百菌清可湿性粉剂600倍液、70%代森锰锌可湿性粉剂500倍液。

番木瓜炭疽病

症状 主要为害果实、叶片和叶柄。果实染病，果面上现1个至数个污黄白色至暗褐色小斑点，水渍状，后扩展成5～6mm凹陷斑，并产生同心轮纹和赭红色凸起小粒点。当小粒点破裂时，溢出赭红色液点，即病菌分生孢子。此外，病斑上也出现黑色小点，常与赭红色小点相间排列成轮纹状，黑色小点即病菌分生孢子盘。叶片染病，多发生在叶缘或叶尖，少数发生在叶片上，病斑褐色，形状不规则，斑上长出黑色小粒点。叶柄染病，多出现在即将脱落或已脱落叶柄上，病部界线不明显，病斑上也现一堆堆黑色小点或赭红色小点。我国广东、广西、福建、台湾等均有发生。严重时发病率高达

20%～50%。

【病原】 *Colletotrichum acutatum*，称短尖炭疽菌，属真菌界无性态子囊菌。在PDA培养基上菌落密集，气生菌丝白色。分生孢子团鲑粉色；无菌核，无刚毛；分生孢子纺锤形，偶中间缢缩，（8.5～16.5）μm×（2.5～4）μm；附着孢少，浅褐色至暗褐色，棍棒状，（8.5～10）μm×（4.5～6）μm。

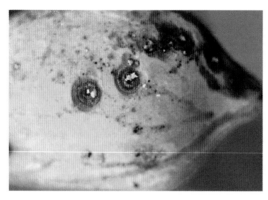

番木瓜炭疽病病瓜

【传播途径和发病条件】 炭疽菌在番木瓜病树上的僵果或叶片或落在地上的病残体上越冬，成为翌年初侵染源。病菌的分生孢子借风雨或昆虫传播，落在番木瓜果实或叶片上以后，遇有水湿条件病菌分生孢子萌发产生芽管，从气孔、伤口或直接从表皮侵入，经几天潜育出现病斑，斑上产生大量分生孢子进行多次再侵染。该病在番木瓜上也有潜伏侵染的现象，有时在幼果期侵入，至果实成熟时才发病。高温高湿是该病发生和流行的重要条件，华南、海南一带5～10月均有发生，一般5～6月和9～10月最严重，扩展迅速，是此病发生、流行的2个高峰期。

【防治方法】 （1）选用穗中红-48、台农2号、台农6号、红妃、红肉等优良品种。（2）冬季和生长季节注意彻底清理病果、病叶，并集中烧毁或深埋，并向树体上喷洒1：1：100倍式波尔多液。（3）因该病有潜伏侵染情况，防治该病应从幼果期开始喷洒80%福·福锌可湿性粉剂600倍液或25%溴菌腈可湿性粉剂500倍液、25%咪鲜胺乳油800倍液、50%嘧菌酯水分散粒剂2000倍液。（4）适时采果，避免过熟采果。可在采果前两周喷洒50%氟啶胺悬浮剂2000倍液，可提高好果率。（5）北方塑料大棚栽植时，可选用印度红妃品种，并注意防治炭疽病。

番木瓜疮痂病

症状 主要为害叶片，初沿叶脉两侧现不规则形白斑，后转成黄白色，圆形至椭圆形，加厚以后呈疮痂状，大小1.7～3.3mm，发生多时，叶片有皱缩。湿度大时，病斑上着生灰色至灰褐色霉状物，即病菌分生孢子梗和分生孢子。果实染病，也产生类似的症状。台湾、福建、广东、广西、四川、云南、海南均有发生。

病原 *Cladosporium caricinum*，称番木瓜枝孢，属真菌界无性态子囊菌。分生孢子梗单生或束生，暗褐色有分隔，顶端或中间膨大成结节状，大小（39～183）μm×（3～5）μm。分生孢子圆形或椭圆形，表面具密生的细刺，多无隔，个别1～2个隔膜，串生，近无色至浅橄榄褐色，大小（4～16.2）μm×（2.5～5）μm。该菌在PSA培养基上25℃培养7天，菌落直径3.9cm，平铺，粉质，灰绿色至暗绿色，边缘白色，背面墨绿色。

传播途径和发病条件 病菌以菌丝或分生孢子在病部或随病残体在土表越冬。该菌属弱寄生菌，多数是第二寄生菌或腐生菌，常出现在衰老的叶上，植株生长后期扩展较快。番木瓜生产中初始菌源数量和温湿度条件常是该病发生的决定因素。湿气滞留持续时间长发病重。

番木瓜疮痂病

番木瓜疮痂病病叶

防治方法（1）种植穗中红-48、台农2号、台农6号、红妃、红肉等优良品种。（2）秋末冬初，彻底清除病落叶，并集中烧毁。（3）生长季节注意通风透光，严防湿气滞留。（4）发病初期喷洒30%戊唑·多菌灵悬浮剂1000倍液或65%甲硫·乙霉威可湿性粉剂1000倍液、50%腐霉利可湿性粉剂1500倍液，发生严重时，连续防治2次。

番木瓜褐色蒂腐病

症状 果实受害后发生果腐或蒂腐而大量脱落，病部多发生在果蒂附近，水渍状，灰至浅褐色，病健分界不明显，病部后期密生小褐点，是一种重要病害。

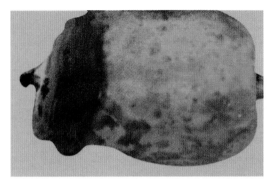

番木瓜褐色蒂腐病

病原 *Phomopsis caricae-papayae*，称番木瓜拟茎点霉，属真菌界无性孢子类。分生孢子器扁球形，三角形，孔口突起，褐色，埋生，宽120～260μm，高110～230μm；分生孢子梗无色、有分枝，大小（18～24）μm×（1.6～2.0）μm。产胞细胞瓶梗形。只产生甲型分生孢子，长卵形，两端略尖，有油球2～3个。（6.5～10）μm×2.5μm。没有乙型孢子。

传播途径和发病条件 病菌以分生孢子器或分生孢子在病部或病残体上越季，遇有高湿释放出分生孢子进行侵染引起发病。

防治方法 （1）番木瓜果实成熟后要及时采收。（2）生长期或贮藏期出现发病条件时马上食用，防止该病扩展。

番木瓜环斑花叶病毒病

广东、广西、福建、云南及北方引进种植的番木瓜产地都有发生，是一种毁灭性的病害。

症状 感病初期，顶部叶片背面产生水渍状圆斑，后全部叶片产生半透明绿色圆形至不规则形病斑，多在主脉和侧脉两旁，叶色黄绿相间，呈轻型花叶状，对开花结果和产量影响不大。但进入发病中期，下部叶片全部脱落，中上部叶片密生半透明圆形或不规则形病斑，叶色黄绿相间，呈典型花叶状。病斑相互融合成不规则大斑，黄褐色，坏死组织穿孔、脱落，以后全叶发黄枯死，开花结果明显减少，对产量影响较大。

番木瓜环斑花叶病毒病

病原 （*Papaya ringspot virus*，PRV），称番木瓜环斑花叶病毒，病毒粒体线状，平均长度700～800nm，由汁液摩擦传毒，自然传毒介体昆虫有桃蚜、棉蚜、花生蚜、马铃薯蚜、橘蚜等多种蚜虫进行非持久性传变。致死温度60℃经10min。寄主体外保毒期48h，稀释终点为1：1000，潜育期7～28天。种子不传毒。

传播途径和发病条件 番木瓜是多年生果树，染病植株是主要初侵染源，每年4～6月和10～11月蚜虫数量多，是发病高峰期。开花结果后发病。

防治方法 （1）选用抗病品种，培育栽植无病菌苗十分重要。（2）加强栽培管理，增强抗病、耐病能力，改秋植为春植。（3）北方冬暖大棚引种番木瓜时，亦应注意防蚜，这样才能成功。

南亚寡鬃实蝇

学名 *Bactrocera*（*Zeugodacus*）*tau*（Walker），属双翅目、实蝇科。异名 *Dacus tau*（Walker）。别名：南瓜实蝇、黄蜂子。该虫分布于福建、山西、广东、广西、云南、江西、四川、湖北、海南、台湾等地。

南亚寡鬃实蝇成虫和幼虫放大

寄主 番石榴、西番莲、洋桃、梨、番木瓜、芒果、南瓜、冬瓜等。

为害特点 产在幼果上的卵孵化后，在幼果内蛀食为害，致果实脱落；整个果实被蛀食一空，全部腐烂。受害轻的，果虽不脱落，但生长不良，摘下贮存数日即变软腐烂。

形态特征 成虫：雌体长12.0～13.0mm。体黄褐色，头部颜面、额、口器、触角浅黄色，颜面近口器两侧各具1个黑斑，刚羽化成虫复眼有金属光泽，后变成红褐色。肩胛、中胸背侧片、中侧片的大部分和小盾片鲜黄色；前盾片中央具1红褐色纵纹，两侧纵纹黄褐色；盾片两侧和中央各具3条黄纵纹。腹部背板1节前半部黑色，后半部黄褐色，第2节两侧缘各生1黑斑，中部近前缘有1黑横带，第3节背板前缘黑色，中部具1黑纵纹直达第4、第5节背板尾端形成"T"状黑纹，在背板前缘两侧各具2黑短横纹。初龄幼虫乳白色。老熟幼虫发黄，前端尖，后端圆。刮吸式口器，呼吸系统属两端气门式。

生活习性 重庆年生3～4代，以蛹在土中越冬，翌年夏秋为害番石榴和瓜类，成虫多在表皮尚未硬化的幼果基部或其他部位产卵，幼虫在果实中成长，通过人为传播，把含有卵或幼虫的果实传播到其他地方。南亚寡鬃实蝇以蛹在土壤中越冬，少数个体来不及脱离寄主在被害果内越冬。越冬代成虫全天均能羽化，上午9～10时最多，初羽化成虫活泼，越冬代成虫寿命约25天，成虫晴天喜飞翔在番石榴园，阴雨天躲藏在寄主叶及杂草下面，交配后，产卵管刺入果内4mm，把卵产在幼果或带有伤口或裂缝的寄主上。产卵数粒至数十粒；最多可达200粒，35℃时卵期3.5天，初孵幼虫在果实内蛀食为害，有时一果上有几个产卵孔，多达百余头，幼虫老熟后，从腐烂果内弹跳入土化蛹。6～7月蛹期2～3天，羽化后成虫未获食料的寿命2～7天，取食蜂蜜后长达25天以上。

防治方法 （1）南亚寡鬃实蝇国内仅广东、广西、台湾、海南、湖北、四川、云南、江西、山西等地发生，因此应认真实施检疫制度，控制其扩散蔓延。（2）成虫发生期，在田间设置盛有0.1%水解蛋白的诱集盆4～5个，盆内加入0.1%敌百虫诱杀成虫减少虫源。（3）在成虫发生期喷洒40%辛硫磷乳油1500倍液或75%灭蝇胺可湿性粉剂5000倍液，由于该虫发生期长，最好隔15天防1次，连防2～3次。（4）被实蝇蛀食和腐烂的果实，应集中深埋或烧毁。如果实已腐烂脱落，应在烂瓜附近的土面上喷上述杀虫剂，防止蛹羽化。（5）为了避免瓜实蝇产生抗药性，最理想的防治方法是采用不孕虫放饲法，用放射性钴60照射人工繁殖的瓜实蝇，使雄蝇保有与雌蝇交尾的兴趣，但失去雌蝇受孕的能力，大量释放到田间，这种不孕雄虫与田间雌虫交配后产生的卵不会孵化，只要不孕雄虫比田间雄虫多，就会使田间实蝇一代代减少，终致绝迹。

番木瓜圆蚧

学名 *Aonidiella orientalis* Newstead，属同翅目、盾蚧科。别名：木瓜东方盾蚧。分布在福建、四川、浙江、广西、广东、台湾、海南。

寄主 番木瓜、香蕉、芒果、椰子、咖啡、棕榈、茶、山茶等。

番木瓜圆蚧

为害特点 以成虫、若虫刺吸番木瓜茎、叶、果实及露根，受害重的植株长势弱，耐寒力明显降低。为害果实的，不能着色成熟，肉硬味淡，品质变差。

形态特征 雌虫：介壳近圆形，暗紫色，第1次蜕皮壳在介壳中央，深紫色，第2次蜕皮壳褐色，虫体鲜黄色。雄虫：介壳长椭圆形，暗紫色，第1次蜕皮壳偏于一端。成虫：浅橙黄色，体长1mm，只有1对前翅，半透明，腹端生针状交尾器。卵：浅黄色，小。

生活习性 广东、海南年生6～7代，以若虫和雌成虫越冬。初孵若虫具足和触角，能爬行活动1～2天，找到寄主后，用口针刺入固定在寄主上为害。蜕1次皮后若虫的足和触角消失，终生不能移动。雌介壳虫把卵产在体下，30～90粒，产卵期7～14天，寿命40～60天，卵期12～14天。雄若虫蜕第1次皮后进入前蛹，第2次蜕皮后成裸蛹，揭开介壳露出雄虫的足和翅芽，数天后从介壳下羽化爬出来交尾，雄虫寿命4～5天。该虫越冬后4月恢复活动，5～6月迅速繁殖，9～10月大发生，常密集在木瓜结果部位的主茎上，繁殖适温26～28℃。

防治方法 （1）注意及时清园，以减少虫源。（2）改番木瓜秋植为春植，当年采收后即砍除，可大大减少为害。（3）4月番木瓜圆蚧越冬后恢复活动时，喷洒松脂合剂3～5倍液或50%乐果乳油200倍液或用1：20倍柴油泥浆涂抹受害株的主茎。注意采果后伤口愈合干后方可喷药，以防产生药害。

橘小实蝇

学名 *Bactrocera dorsalis*（Hendel），又名东方果实蝇，俗称针蜂。

寄主 除为害柑橘、莲雾、杨桃、枇杷、芒果外，还为害番石榴、番木瓜、荔枝等。

为害特点 以成虫把卵产在上述寄主果皮内，孵化后幼虫就在果内蛀害，造成果实腐烂或未熟变黄脱落，影响产量和质量。

生活习性 该虫在国内分布区年生3～10代，台湾7～8代，无严格越冬过程，世代重叠严重，5～9月虫口数量最大，广东7～8月间发生居多。

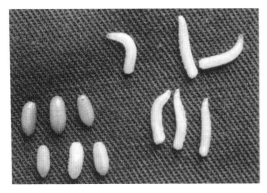

橘小实蝇幼虫和蛹

防治方法 （1）果实套袋，防止小实蝇在果实上产卵。（2）及时摘除番木瓜园尾果和捡拾落果，结合施用有机肥对番木瓜园进行深翻。（3）番木瓜果实长到直径1.5～2cm时，进行套袋，套袋前用40%毒死蜱或40%甲基毒死蜱1000倍液进行喷雾。（4）性诱防治。1月初开始挂蘸有甲基丁香酚棉芯的特制矿泉水瓶，每667m^{2}挂5瓶，每瓶用棉花沾滴1ml的甲基丁香酚，每5天再滴1ml 80%敌敌畏乳油，15天滴1次甲基丁香酚。（5）化学防治。①布点诱杀成虫，据性诱监测结果，于6～9月，用50%马拉硫磷乳油800倍液，每50kg对好的药液中加白糖0.5kg喷于果园杂草上，用来诱杀成虫有效。②地面喷洒杀虫剂，每季番木瓜采收后，树冠地面上喷洒40%辛硫磷乳油800倍液。

参 考 文 献

[1] 谢联辉.普通植物病理学[M].第二版.北京：科学出版社，2013.
[2] 徐志宏.板栗病虫害防治彩色图谱[M].杭州：浙江科学技术出版社，2001.
[3] 成卓敏.新编植物医生手册[M].北京：化学工业出版社，2008.
[4] 冯玉增.石榴病虫草害鉴别与无公害防治[M].北京：科学技术文献出版社，2009.
[5] 赵奎华.葡萄病虫害原色图鉴[M].北京：中国农业出版社，2006.
[6] 许渭根.石榴和樱桃病虫原色图谱[M].杭州：浙江科学技术出版社，2007.
[7] 宁国云.梅、李及杏病虫原色图谱[M].杭州：浙江科学技术出版社，2007.
[8] 吴增军.猕猴桃病虫原色图谱[M].杭州：浙江科学技术出版社，2007.
[9] 梁森苗.杨梅病虫原色图谱[M].杭州：浙江科学技术出版社，2007.
[10] 蒋芝云.柿和枣病虫原色图谱[M].杭州：浙江科学技术出版社，2007.
[11] 王立宏.枇杷病虫原色图谱[M].杭州：浙江科学技术出版社，2007.
[12] 夏声广.柑橘病虫害防治原色生态图谱[M].北京：中国农业出版社，2006.
[13] 林晓民.中国菌物[M].北京：中国农业出版社，2007.
[14] 袁章虎.无公害葡萄病虫害诊治手册[M].北京：中国农业出版社，2009.
[15] 何月秋.毛叶枣（台湾青枣）的有害生物及其防治[M].北京：中国农业出版社，2009.
[16] 张炳炎.核桃病虫害及防治原色图谱[M].北京：金盾出版社，2008.
[17] 李晓军.樱桃病虫害及防治原色图谱[M].北京：金盾出版社，2008.
[18] 张一萍.葡萄病虫害及防治原色图谱[M].北京：金盾出版社，2007.
[19] 陈桂清.中国真菌志（一卷）白粉菌目[M].北京：科学出版社，1987.
[20] 张中义.中国真菌志（十四卷）枝孢属、星孢属、梨孢属[M].北京：科学出版社，2003.
[21] 白金铠.中国真菌志（十五卷）茎点霉属，叶点霉属[M].北京：科学出版社，2003.
[22] 张天宇.中国真菌志（十六卷）链格孢属[M].北京：科学出版社，2003.
[23] 白金铠.中国真菌志（十七卷）壳二孢属，壳针孢属[M].北京：科学出版社，2003.
[24] 郭英兰，刘锡琎.中国真菌志（二十四卷）尾孢菌属[M].北京：科学出版社，2005.
[25] 张忠义.中国真菌志（二十六卷）葡萄孢属、柱隔孢属[M].北京：科学出版社，2006.
[26] 葛起新，中国真菌志（三十八卷）拟盘多毛孢属[M].北京：科学出版社，2009.
[27] 洪健，李德葆.植物病毒分类图谱[M].北京：科学出版社，2001.